冀东地区司家营铁矿床
地质特征及其成因

刘春来 丁 枫 董国明 崔 伟等 著

科学出版社

北 京

内 容 简 介

本书对我国重要铁矿基地冀东地区的司家营特大型沉积变质型铁矿床进行全面系统的分析研究。对司家营铁矿床区域地球物理特征、矿床地质特征、矿床地球化学特征进行了分析总结，对矿床成因、成矿机制进行了探讨。

本书可供地质学、矿物学、矿床学等领域的专家学者参考，也可作为高校相关专业的教学参考书。我们希望通过本书的出版，能够推动沉积变质型铁矿床研究的深入发展，为铁矿资源的可持续利用和地质科学的繁荣进步做出贡献。

审图号：GS 京（2024）1164 号

图书在版编目（CIP）数据

冀东地区司家营铁矿床地质特征及其成因 / 刘春来等著. -- 北京：科学出版社，2024.6. -- ISBN 978-7-03-078895-5

Ⅰ. P618.31

中国国家版本馆 CIP 数据核字第 2024A0E996 号

责任编辑：孟美岑 / 责任校对：何艳萍
责任印制：肖　兴 / 封面设计：无极书装

科 学 出 版 社 出版
北京东黄城根北街 16 号
邮政编码：100717
http://www.sciencep.com
北京建宏印刷有限公司印刷
科学出版社发行　各地新华书店经销

*

2024 年 6 月第 一 版　　开本：787×1092　1/16
2024 年 6 月第一次印刷　　印张：9 1/2
字数：220 000

定价：138.00 元
（如有印装质量问题，我社负责调换）

《冀东地区司家营铁矿床地质特征及其成因》
作 者 名 单

刘春来　丁　枫　董国明

崔　伟　曹瑞明　范宇航

郑思光　杨立群　李文韬

序

  铁矿是我国战略性矿产资源，也是新一轮找矿突破战略行动的重点矿种。冀东地区是我国第二大铁矿矿集区和第一大铁矿石生产基地，对我国铁矿资源国内供给保障具有重要战略地位。近年来，随着制造业的快速发展以及国家基础建设的需求，我国已成为全球最大的铁矿石消费市场和铁矿石进口大国，但铁矿进口价格随国际形势的变化波动较大，国内铁矿的增储上产已经上升到国家安全层面。近年来，河北省地质矿产勘查开发局第二地质大队（河北省矿山环境修复治理技术中心）在河北省政府地质勘查专项资金的大力支持下，在河北省自然资源厅和河北省地质矿产勘查开发局的统一安排部署下，一批中青年地质工作者通过多年积极探索和艰苦努力，在冀东地区铁矿资源勘查工作中取得了重要突破，找矿成果显著。

  司家营铁矿床是冀东地区规模最大、最典型的沉积变质型铁矿床，但是对于矿床地质特征、控矿要素、成矿机制等方面的研究仍然较为薄弱。河北省地质矿产勘查开发局第二地质大队矿产勘查团队与成都理工大学科研团队通力合作，优势互补，对司家营铁矿床开展研究，取得了一系列新认识，并及时总结和提升成果，撰写专著。该专著通过对区域及矿床地质特征进行归纳总结，利用岩石地球化学、U-Pb 年代学、Lu-Hf 同位素、铁氧稳定同位素等研究方法，系统探讨了司家营铁矿床的成岩成矿时代、矿床成因及成矿机制，总结提升了成矿规律，进一步丰富了沉积变质型铁矿床的成矿理论。立足冀东，面向全国，对缓解我国铁矿资源危机、提高铁矿石自给保障程度具有重大的现实意义。

  正值专著出版之际，在此对参与专著编写的人员表示热烈祝贺，并衷心希望新一代中青年地质工作者继续努力，砥砺前行，为我国矿产资源增储上产做出更大贡献。

中国工程院院士

2023 年 8 月 8 日

前　言

铁矿资源作为国民经济的重要支撑，对于国家的发展和进步具有不可替代的战略意义。在我国广袤的土地上，铁矿床的类型多样、成因复杂，每一座铁矿床都是大自然亿万年的馈赠。冀东地区司家营特大型沉积变质型铁矿床，便是这众多铁矿床中的一颗璀璨明珠。

司家营铁矿床作为该地区最具代表性的铁矿床之一，自 20 世纪 50 年代起，以河北省地质矿产勘查开发局第二地质大队（河北省矿山环境修复治理技术中心）为主的多家单位对司家营矿区进行多轮地质勘查工作，取得了丰硕成果。其研究不仅有助于深入了解沉积变质型铁矿床的形成机制和演化过程，还能为铁矿资源的合理开发和利用提供科学依据。

本书旨在对冀东地区司家营特大型沉积变质型铁矿床的地质特征及成因进行全面系统的研究和分析。通过对区域地质背景、矿床地质特征、地球物理和地球化学特征的深入研究，力求揭示司家营铁矿床的形成条件和演化历史，探讨其成因机制。

为了对司家营铁矿床进行更为深入的研究，河北省地质矿产勘查开发局第二地质大队联合成都理工大学组成专家团队。在本书编写过程中，我们充分参考了国内外相关文献和研究成果，结合实地调查和实验分析，力求做到数据准确、分析深入、结论可靠。同时，我们也注重将研究成果与实际应用相结合，以期为冀东地区乃至全球沉积变质型铁矿床的勘查和开发提供有益的参考和借鉴。

本书主要编写人员为刘春来、丁枫、董国明、崔伟、曹瑞明、范宇航、郑思光、杨立群、李文韬等。全书由刘春来及丁枫统稿，第一章由李文韬、杨立群撰写，第二章由曹瑞明、郭香敏、郑思光撰写，第三章由刘春来、崔伟、董国明、郑思光撰写，第四章由丁枫、范宇航、李文韬撰写，第五章由丁枫、李文韬、郭香敏撰写，第六章由刘春来、董国明、崔伟、郑思光撰写，第七章由刘春来、丁枫、曹瑞明、范宇航、杨立群、李文韬撰写。

本书既是对冀东地区司家营特大型沉积变质型铁矿床的一次全面总结，也是对该领域研究的一次新的探索。我们希望通过本书的研究和介绍，能够推动对该铁矿床乃至整个沉积变质型铁矿床研究的深入和发展，为我国的铁矿资源事业贡献一份力量。感谢河北省地质矿产勘查开发局对本次工作的大力支持，感谢河北钢铁集团矿业有限公司在野外工作中提供的帮助。

由于作者水平有限，难免有不足之处，敬请读者批评指正！

目 录

第1章 绪 论

国民经济、国防工业都对钢铁工业有巨大的需求。钢铁是重工业的基础性原材料，铁矿资源主要用于冶炼钢铁，钢铁工业已经成为国民经济中基础性、支柱性产业，是一个国家现代化发展水平的重要支撑点。我国铁矿资源丰富，但是由于富铁矿（＞50%Fe）极度缺乏，铁矿石平均品位仅 30%左右（图 1-1a）。绝大部分铁矿石长期依赖进口，铁矿石已成为日趋紧缺的金属矿产资源，因此铁矿成为我国最为紧缺的大宗战略性矿产之一（张招崇等，2021；李厚民等，2022）。

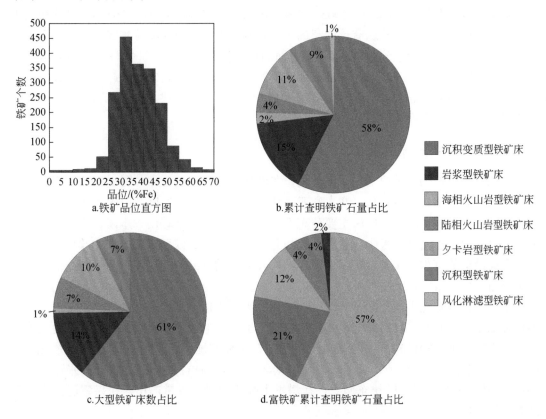

图 1-1 我国铁矿资源概况（张招崇等，2021）

沉积变质型铁矿是以前寒武纪沉积为主的含铁建造，经受不同程度的区域变质作用形成，主要由石英（燧石）和氧化铁矿物（磁铁矿、赤铁矿等）组成，通常具有典型的条带状构造，由条带状铁建造（banded iron formation，BIF）变质改造而成（李厚民等，2012a，2012b）。在众多类型的铁矿中，如沉积变质型、岩浆型、夕卡岩型、火山岩型、沉积型及风化淋滤型等，沉积变质型铁矿床拥有最大的铁矿石资源量，在世界铁矿石资源中储量最大、分布最广，是全球钢铁产业最主要的矿石来源，而沉积变质型铁矿床也是我国最重要的铁矿床类型，其中含有丰富的金、铜、锌、钴、铂族等有用元素，是世界及我国工业铁矿的主要类型。我国沉积变质型铁矿床查明资源储量占总量的 58%（图 1-1b）（肖克炎等，2011），大型矿床数量占比达 61%（图 1-1c）。国际上，无论是总的铁矿资源量还是富铁矿石储量，均主要来自沉积变质型铁矿床（占 85%以上），但是我国的富铁矿却以夕卡岩型为主，沉积变质型富铁矿床相对较少（图 1-1d）。

1.1　沉积变质型铁矿床研究现状

沉积变质型铁矿床是全球钢铁工业中铁矿石的主要来源，主要沉积于新太古代—古元古代（3.7～1.8Ga）克拉通的铁建造中（刘利等，2012；张连昌等，2012），是早期地壳的重要组成部分和地球演化特定阶段的产物，记录了地球早期的大气、海洋环境、生物活动和地质演化等重要信息（Klein，2005；Trendall，2002；Posth et al.，2013）。尽管在过去几十年内国内外学者对铁建造有过广泛的研究，但由于其复杂性和前寒武纪之后不再重复出现，致使人们对其形成条件和成因等多方面的认识仍存在很大争议（程裕淇，1953，1957；李曙光，1982；王守伦，1986；Bekker et al.，2010；夏建明等，2011；赵一鸣，2013；李延河等，2014；Li et al.，2014；刘陆山等，2015；沈其韩和宋会侠，2015；许德如等，2015；张招崇等，2021；李厚民等，2022 ）。

1.1.1　时空分布特征

沉积变质型作为最重要的铁矿床类型，在世界范围内广泛分布（图 1-2），沉积变质型铁矿床在南北美洲、格陵兰岛、澳大利亚、俄罗斯、非洲、印度以及中国华北克拉通广泛发育。我国的沉积变质型铁矿床主要分布于吉林东南部、辽宁鞍山—本溪、冀东、北京密云、晋北、内蒙古南部、豫中、鲁中、皖西北、江西新余、陕西汉中、湘中等地。

全球最早的沉积变质型铁矿床出现在西格陵兰岛的 Isua 地区，其年龄为 3.8～3.7Ga，集中分布于太古宙—古元古代（3.5～1.8Ga），有着连续的分布，在 2.5Ga 达到顶峰，1.8Ga之后消失，直到新元古代（0.8～0.6Ga）再次出现（图 1-3）（Klein，2005；Ilyin，2009；Bekker et al.，2010）。我国的沉积变质型铁矿床也主要形成于 2.50～2.55Ga（万渝生等，2012；张连昌等，2012），集中分布在华北陆块，主要产地有辽宁鞍山-本溪、冀东-密云、山西五台-吕梁及鲁西等地，类型多为阿尔戈马型（Algoma）（Gross，1980；张连昌等，2012），其次分布在扬子陆块东南缘，在塔里木陆块北缘有少量产出，在兴蒙造山带的东部微陆块中也有发现。

1.1.2　成因类型

前人通过形成时代、构造环境、地球化学特征等因素将全球沉积变质型铁矿床类型分为阿尔戈马型（Algoma-type）、苏必利尔型（Superior-type）、拉皮坦型（Rapitan-type）三种（Klein and Beukes，1989；Klein，2005；Bekker et al.，2010）（表 1-1）。

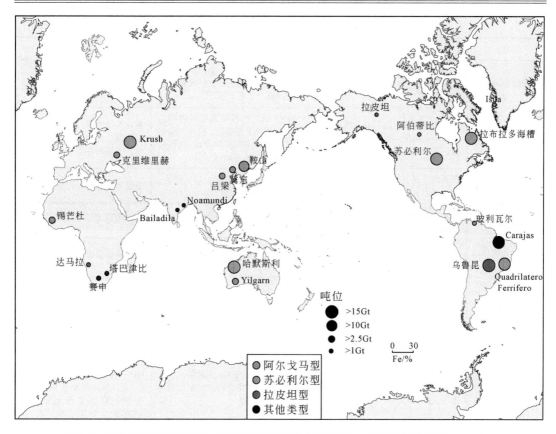

图1-2 世界典型前寒武纪沉积变质型铁矿床位置及规模（李旭平和陈妍蓉，2021）

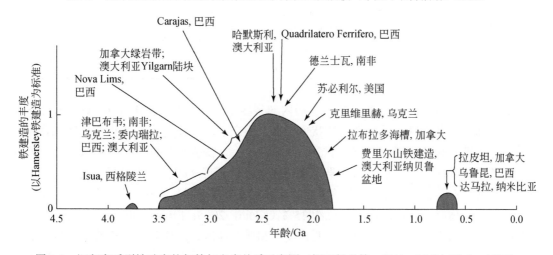

图 1-3 沉积变质型铁矿床的年龄与丰度关系示意图（据王长乐等，2011，2012；Klein，2005）

阿尔戈马型主要产于太古宙绿岩带（指古老的前寒武纪岩系组成的地壳岩石）中，与海底火山沉积作用密切相关，主要矿体沉淀于火山喷发的宁静期，而且火山喷发越强烈，火山喷发间歇期越久，越容易形成大型矿床。其形成时代从 3.8Ga 持续到 1.8Ga，在 3.3～3.2Ga、2.8～2.5Ga 达到高峰期（Klein and Beukes，1989；Klein，2005；崔培龙，2014；

表 1-1 主要沉积变质型铁矿床类型特征

类型	阿尔戈马型	苏必利尔型	拉皮坦型
形成时代	太古宙—古元古代，3.3～3.2Ga，2.8～2.5Ga 达到高峰期	主要在古元古代，少量产出在新元古代，2.5～2.4Ga，1.9～1.8Ga 达到高峰期	新元古代 0.8～0.6Ga
构造背景	聚合边缘环境，如裂谷盆地环境、火山中心地带、扩张的洋中脊、岛弧、弧后盆地	被动大陆边缘或陆内裂谷的构造环境，如伸展型裂谷、俯冲和深部断裂系统有关的大陆盆地、克拉通内盆地和大陆架地区	被动大陆边缘、碳酸盐沉积盆地边缘、大陆架浅海沉积环境、冰期裂谷环境
围岩类型	超基性、基性-中酸性火山岩，火山碎屑岩	成熟度较高的沉积岩，以碎屑岩-碳酸盐岩为主	主要为冰碛岩、混杂沉积岩
变质程度	变质变形强烈，变质相主要为绿片岩相-角闪岩相	变质变形较弱，绿片岩相	变质程度不一
矿床构造及品位	条带状构造为主，品位不高	条带状构造和块状为主，品位较高	条带状构造不发育
矿物组成	矿石矿物以磁铁矿为主，脉石矿物主要为铁硅酸盐矿物	矿石矿物以赤铁矿和磁铁矿为主，少量黄铁矿、菱铁矿、铁白云石等，脉石矿物中含有少量铁碳酸盐矿物	矿石矿物为赤铁矿，脉石矿物主要为石英、碳酸盐矿物
地化特征	高 Cr、Mn、Ni、Cu，强烈 Eu 正异常，无或弱 Ce 负异常，显著 Y 正异常，富集重稀土元素，Y/Ho 大于 32	低 Cr、Co、Ni、Cu、Zn，中等 Eu 正异常，无或弱 Ce 负异常，Y 正异常，强烈富集重稀土元素，Y/Ho 分布在 20～45	Al_2O_3、TiO_2、P_2O_5、Zr、P、K_2O、Th、Nb 高，低 Cr、Co、Ni，微弱 Eu 正异常，无或弱 Ce 正异常、弱 Y 正异常，非常强烈富集稀土元素，Y/Ho 分布在 20～30
形成机制	早前寒武纪缺氧的海洋环境中，海底火山热液喷气作用形成，同火山活动关系紧密	早前寒武纪缺氧的海洋环境中，海底火山热液喷气作用形成，距离火山中心较远；或者形成在深部缺氧还原和浅部氧化的分层海水环境，由于海侵海退导致物质发生交换成矿，不总是与火山作用有直接关系	新元古代"雪球地球"事件形成缺氧富 Fe^{2+} 的海洋环境，随着冰雪消融，海水氧化沉淀成矿

Li et al., 2014)，岛弧、弧后盆地或克拉通内部裂谷带是其主要的构造环境（Gross，1980；Veizer，1983），其富铁硅质岩常与枕状安山岩、凝灰岩、火山碎屑岩等火山岩密切伴生，阿尔戈马型铁矿床分布较为广泛，单个矿体规模较小，铁资源储量一般小于 10 亿 t，矿石主要为条带状磁铁矿，脉石矿物主要为铁硅酸盐矿物（蔷薇辉石、铁闪石、铁蛇纹石、铁滑石、黑硬绿泥石、铁绿泥石、铁角闪石），后期普遍遭受绿片岩相和角闪岩相变质作用，品位较低，矿体厚度较小，矿石品位约 35%（Klein，2005；Steinhoefel et al.，2009）。在我国阿尔戈马型铁矿床主要分布于辽西、冀东和晋北地区，统称为鞍山式铁矿，多产于基性火山岩向沉积岩或偏酸性火山岩的过渡部位，主要矿体都形成于火山喷发的宁静期（王可南和姚培慧，1992）。我国探明的沉积变质型铁矿床普遍为低品位矿石，仅在鞍山、弓长岭、司家营等铁矿区发现一些国内外十分罕见的高品位的磁铁矿富矿，富矿周围常伴有绿泥石化、阳起石化、镁铁闪石化、白云母化和铁铝榴石化等蚀变现象（王可南和姚培慧，1992；许英霞等，2014）。

苏必利尔型在新太古代至古元古代交界时（2.6～2.4Ga）开始大量形成，成矿期集中在 2.5～2.4Ga 和 1.9～1.8Ga 两段时期（Klein and Beukes，1989；Klein and Ladeira，2000；Spier et al.，2003；Klein，2005），不含或含有极少量的火山岩，与正常沉积的细碎屑岩-碳酸盐岩共生，通常发育于被动大陆边缘或稳定克拉通盆地的浅海沉积环境，其沉积规模相比阿尔戈马型较大，但数量较少（Gross，1995）。苏必利尔型铁矿床矿体规模巨大，全铁储量一般超过 100 亿 t，多为单层或多层矿体，矿石矿物为赤铁矿和磁铁矿，含有少量的黄铁矿和菱铁矿、铁白云石等，后期遭受变质程度浅，一般为绿片岩相，变形弱，矿石品位相对较高（Gross，1980；Simonson，2003；Klein，2005；崔培龙，2014）。

拉皮坦型是新元古代中最重要的条带状铁建造类型，成矿时间较为集中，均为 0.8～0.6Ga（Klein and Beukes，1993；Lottermoser and Ashley，2000；Klein and Ladeira，2004；Ilyin，2009；Babinski et al.，2013），主要由石英、赤铁矿和少量碳酸盐矿物组成，具有与冰海沉积物关系密切的典型特征，多形成在被动大陆边缘、碳酸盐沉积盆地边缘、大陆架浅海沉积环境、冰期裂谷环境等，其形成可能与"雪球地球"事件有关（Hoffman and Schrag，2002）。拉皮坦型铁矿床矿体规模有限，走向延伸小于 10km，矿石矿物主要为鲕状、肾状赤铁矿，矿石构造以条带状构造为主，粒状铁建造常与条带状铁建造伴生，矿石品位较高（Klein and Ladeira，2004；Kump and Seyfried，2005；崔培龙，2014）。

在我国富铁矿只占极少数，仅在辽宁弓长岭有较成规模的富铁矿，在冀东杏山、司家营也有部分富铁矿发现。根据富铁矿产出的地质环境、矿床地质地球化学特征和成因等要素，通常将我国的富铁矿分为三种类型：火山-沉积型、（火山）-沉积-热液交代改造型和风化淋滤型，其中（火山）-沉积-热液交代改造型最为重要（沈保丰，2012）。而华北克拉通富铁矿主要分为原始沉积富铁矿、变后期构造-热液改造叠加富铁矿和古风化壳富铁矿三种类型（张连昌等，2012）。

1.1.3 物质来源

Fe 与 Si 的物质来源历来是研究沉积变质型铁矿床的核心问题之一 （Cloud，1973；Klein，2005；Bekker et al.，2010）。前人对于 Fe 质来源一直存在不同观点，如陆壳风化来源、海底火山来源、海底水岩反应等（James，1954；Trendall，1965；Bishara and Habib，1973；Garrels，1987）。近几年大量学者对沉积变质型铁矿床进行地球化学研究，更趋向于认为 Fe 质来源于海底热液和海水的混合溶液（Kamber et al.，2004；Zhang et al.，2011；代堰锚等，2012；刘利等，2012；李文君等，2012）。Si 质可能来自热液，也可能是大陆地壳低温风化的产物（Robert and Ali，2007）。

关于原始硅铁建选的沉淀机制主要有两种观点：①上升洋流模式，深部富 Fe^{2+} 的海水上涌到大陆边缘浅海盆地和陆架，被上部氧化层界面附近的氧气氧化成 Fe^{3+}，随着 $Fe(OH)_3$ 的大量沉淀形成了条带状铁建造（Clout and Simonson，2005）；②海底喷流模式，新生洋壳下伏岩浆房加热了新形成的镁铁质-超镁铁质新生洋壳，海水对流循环从新生洋壳中淋滤出 Fe 和 Si 等，在海底减压排泄成矿，成矿流体的脉动式喷发形成了矿体的条带状构造（Goodwin，1973；Wang et al.，2009）。Fe^{2+} 的沉淀机制是目前国际上的研究热点，研究发现在 Fe^{2+} 转变为 Fe^{3+} 的过程中，既有化学作用，也可能有生物作用（Posth et al.，2014）。

1.1.4 沉淀机制

沉积变质型铁矿床沉淀的核心内容就是将 Fe^{2+} 氧化为 Fe^{3+}，进而形成 Fe^{3+} 氢氧化物，即沉积变质型铁矿床的前身（Klein，2005；Bekker et al.，2010；Czaja et al.，2013）。在长达一个多世纪的调查与争论之后，沉积变质型铁矿床的沉淀机制尚未解决。沉积变质型铁矿床的形成时间跨度很大，其沉积环境从太古宙缺氧环境逐渐演变为古元古代部分氧化环境（Bekker and Kaufman，2007），表明沉积变质型铁矿床可能是通过不同的氧化机制形成的（Bekker et al.，2010）。

（1）生物产氧作用：原始大洋是层化的海洋，上部为较薄的氧化带，下部为含大量 Fe^{2+} 的缺氧区域，二者之间为氧化还原变层（redoxcline）（Klein and Beukes，1989）。上部氧化带为透光区域，有大量蓝藻细菌并进行产氧光合作用。大陆风化来源的 Fe^{2+} 与深部海水上涌带来的 Fe^{2+} 在浅海氧化带汇合，经由以下反应形成 Fe^{3+}（Cloud，1973）：$2Fe^{2+}+0.5O_2+5H_2O \longleftrightarrow 2Fe(OH)_3+4H^+$。

（2）微生物新陈代谢：大量实验表明各种紫色和绿色细菌能利用 Fe^{2+} 作为还原剂，从而固定二氧化碳（Heising et al.，1999；Straub et al.，1999），说明在地质历史时期即使没有氧气，微生物也可以利用 Fe^{2+}、光及二氧化碳形成沉积变质型铁矿床（Bekker et al.，2010）。

（3）紫外线光氧化作用：在大气圈氧气浓度升高及臭氧保护层形成之前，地球表层接受了大量紫外线光子的辐射，Fe^{2+} 能够被光氧化成为 Fe^{3+}（Cairns-Smith，1978），此反应在酸性水体中，在 200~300nm 波长光照下能够稳步发生。然而相关实验也证实，Fe^{2+} 被光合自养细菌或氧气氧化为 Fe^{3+} 的效率远高于紫外线光氧化作用；沉积变质型铁矿床的前身是快速的、非光氧化过程的产物（Konhauser et al.，2007）。因此，相比直接或间接的生物氧化作用，紫外线光氧化作用可能对沉积变质型铁矿床的沉积贡献不是很大（Bekker et al.，2010）。

（4）蒸汽与卤水相分离：一些深水相的阿尔戈马型铁矿床与火山成因块状硫化物矿床（Volcanogenic massive sulfide deposits，VMS）紧密共生，前者可能是通过蒸汽与卤水相分离氧化而成（Foustoukos and Bekker，2008）。在该过程中，H_2 与 HCl 进入蒸汽相，卤水中则残留氧化及碱性条件；过渡金属将形成含氯络合物，并在卤水中富集。

1.1.5 古沉积环境

沉积变质型铁矿床作为早期地球特殊环境的产物，沉积环境具备如下必要条件（Trendall，2002）：①超过百万年的构造稳定性；②水足够深，以避免外源碎屑的混入及海底扰动；③盆地形状便于富含 Fe^{2+} 的深部水体流通自如。

形成大型条带状铁建造需要满足三个条件（Clout and Simonson，2005）：①大型海底热液供给系统；②宽广大陆架的存在；③成层海洋的存在，蕴含大量 Fe^{2+} 的海水可从海底热液系统运移至远处的沉积中心。

1.1.6 条带成因

条带状铁建造中条带状构造形成机制也是众说纷纭，主要存在如下观点：①海底喷流模式（李延河等，2010）；②上升洋流模式（Posth et al.，2008）；③微生物成因模式（Cloud and Morrison，1979）；④在氧化还原界面，Fe 和 Si 的自生化学震动，造成 Fe 和 Si 震荡沉淀（Wang et al.，2009）；⑤气候（年、昼夜）韵律层（Trendall，2002；Klein，2005）等。

原生条带状铁建造中品位通常较低，TFe 品位一般在 30%左右。而国外 TFe 品位＞50% 的大型赤铁矿富矿床，一般是由贫铁矿经后期作用改造形成的（李厚民等，2012b）。其中加拿大、南非及澳大利亚等稳定的克拉通在地质历史中相当稳定，大多数沉积变质型铁矿床变质变形比较弱，规模巨大，其富铁矿成因类型主要为热液-表生风化淋滤型富铁矿和风化淋滤型富铁矿（Taylor et al.，2001；郭维民等，2013；姚春彦等，2014）。而我国华北克拉通在地质历史中多次受到构造活化或改造作用，前寒武纪沉积变质型铁矿床表现为褶皱、倒转、加厚或破坏，变质程度深，混合岩化强烈，向形控矿特征明显，与加拿大、南非及澳大利亚等稳定的克拉通内的铁矿展布、风化壳富集成矿等有明显的不同，和俄罗斯、乌克兰的也有很大差别。

1.2 冀东沉积变质型铁矿床

华北克拉通是我国最大的前寒武纪克拉通，也是我国最重要的沉积变质型铁矿矿床集区（张连昌等，2012；Li et al.，2014；Zhang et al.，2014）。冀东位于华北克拉通北缘中段、冀中-冀东微陆块东北部（图1-4），是我国重要的铁矿资源基地之一（李厚民等，2012b；赵立群等，2020；崔伟等，2022a）。

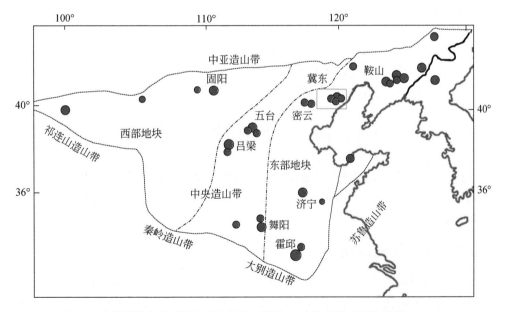

图1-4 华北陆块前寒武纪地质与沉积变质铁矿床分布图（张连昌等，2012）

冀东地区沉积变质型铁矿床主要形成于 3.0Ga 左右和 2.8～2.5Ga（沈其韩等，1981；徐步台和王时麒，1983；卢功一和黄静好，1987；乔广生等，1987；江博明等，1988；刘武旭和 Thirlwall，1992；桑海清等，1996；耿元生等，1999；李延河等，2011；万渝生等，

2012；张连昌等，2012）。

关于冀东地区沉积变质型铁矿床成因至今仍有较多争论，但是大多数研究者认为其形成主要经历了沉积和变质改造两个阶段。即早期在海底沉积 Fe 和 Si，Fe 初步富集，后又遭受区域变质作用的改造形成变质铁矿（翟裕生等，2011）。大体情况是：太古宙，地壳处于一种可塑状态，海底火山活动频繁强烈，基性岩浆、中基性岩浆、中酸性熔岩大面积多旋回地溢出和喷发，形成了大量的火山岩，并伴随一些基性和超基性的次火山岩和小侵入体。而沉积岩主要是一些细粒的凝灰质黏土岩和粉砂岩。火山活动带来了丰富的 Fe 质，在火山喷发间歇期沉积为铁矿层。元古宙，地槽进一步发展，地壳从塑性状态逐渐硬化，火山活动减弱，沉积了众多铁矿层，在此过程中，构造作用、变质作用和混合岩化作用多次发生，最终形成沉积变质型铁矿床（钱祥麟等，1985）。

冀东地区铁矿石以磁（赤）铁石英岩型为主（甘德清等，2015；李晶等，2015），磁铁矿是本区最主要的矿石矿物，其余矿石矿物（假象赤铁矿、赤铁矿、褐铁矿）含量较少，但品位一般较高。

磁（赤）铁石英岩作为含矿沉积变质表壳岩层，其原始矿体基本形态为层状，后经多期次区域变质作用、混合岩化作用改造，层状矿体发生变质变形，其组分也发生了相应的变化，从而形成了多种多样的复杂形态。

冀东地区富铁矿找矿及成因一直是一个热点问题。1975 年中国科学院冀东富铁矿科研队认为冀东地区富铁矿主要有两种类型：原始沉积型和混合岩化热液型。钱祥麟认为冀东地区富铁矿主要是混合岩化热液型富铁矿，混合岩化造成了热液，而热液活动是去硅富铁改造贫铁矿的动力（钱祥麟等，1985）。热液主要与冀东地区第二期红色混合岩化作用有关，第二期混合岩化钾交代较强，去硅富铁主要发生碱金属交代。近几年杏山铁矿发现了较成规模的富铁矿体，不同学者对杏山铁矿中富铁矿体的成因进行了较详细的研究，认为富铁矿体主要由原始沉积形成，受到后期褶皱构造影响发生塑性流动，在褶皱核部加厚（丁文君，2010；汤绍合，2012；周永贵等，2012）。

1.3　司家营铁矿床研究基础

司家营铁矿床是冀东规模最大、最典型的沉积变质型铁矿床，已探明铁矿资源量近 3.51×10^{11}t，部分可以露天开采，现铁矿石年产量超过 3×10^7t，为华北地区的钢铁原料供应打下了坚实基础。

1.3.1　科学研究现状

司家营沉积变质型铁矿床赋矿地层是滦县岩群司家营组，确定了围岩的年龄就限定了司家营铁矿的成矿时代。前人使用 Rb-Sr、K-Ar 法对司家营铁矿床进行了部分测年工作，年龄均 2500Ma 左右，主要将其解释为滦县岩群区域变质作用终结的时间（沈其韩等，1981；钱祥麟等，1985；赵宗溥，1993）。许多学者采用锆石 U-Pb 测年对司家营铁矿床成矿年龄及变质年龄进行了限定，得到司家营铁矿床成矿年龄在 2545～2533Ma，变质年龄在 2529～2517Ma（陈靖，2014；Cui et al.，2014；许英霞等，2015；张龙飞，2015）。

多位学者对司家营铁矿床成矿物质来源及富铁矿成因进行了探讨。司家营铁矿床不同类型矿石的微量和稀土元素分配模式具有较好的一致性，不同类型矿石的成矿物质来源可能均来自海底热液和海水的混合溶液（李文君等，2012；许英霞等，2014）。关于司家营富铁矿成因，多数学者认为司家营富铁矿是贫铁矿在遭受后期混合岩化热液，发生碱质交代作用，去硅存铁形成的，强调了混合岩化热液的作用。富铁矿是受后期热液蚀变形成的（钱祥麟等，1985；李文君等，2012；陈靖等，2014；许英霞等，2014）。

1.3.2 以往地质矿产工作概况

（1）1955～1958 年冶金部地质局华北分局 503 队、507 队对矿区开展了普查评价工作（重点在北区），提交了《河北省滦县司家营铁矿地质勘探总结报告》，求得表内外（B+C+D）级资源储量 6.09 亿 t，其中南区求得表内外 D 级资源储量 3.80 亿 t。

（2）1971～1977 年，河北省地质局第七、八、十五等地质队对南区南矿段开展详查工作，施工钻探 20701.82m/45 孔，求得表内矿资源储量 8.28 亿 t；对南区大贾庄矿段开展验证评价工作，施工钻探 13940.57m/28 孔，求得表内矿资源储量 2.43 亿 t。

（3）1973～1975 年，河北省地球物理勘查院在司家营铁矿及外围开展 1∶1 万、1∶5000 地面磁测工作，测区面积 910km^2，提交了《河北省唐山地区司家营铁矿区外围地面磁测报告》。

（4）1975～1977 年，河北省地质局第二区测大队开展唐山幅 1∶20 万区域地质调查，提交了《唐山幅 1∶20 万区域地质调查报告》。

（5）1978 年，原河北省地质局第十五地质队（河北省地质矿产勘查开发局第二地质大队前身）根据历次勘查成果，提交了《河北省滦县司家营北区地质勘探总结报告》。

（6）1980～1986 年，河北省区域地质矿产调查研究所以 1∶20 万和部分 1∶5 万区调资料为基础，广泛收集、整理和研究普查勘探资料和科研成果，编撰出版了《河北省北京市天津市区域地质志》《河北省北京市天津市区域矿产总结》。

（7）2008 年 2 月至 2008 年 11 月，河北省地质矿产勘查开发局第二地质大队对司家营铁矿南区开展补充勘查工作，2009 年 4 月提交了《河北省滦县司家营铁矿南区深部补充勘查总结地质报告》。

（8）2009 年，河北钢铁集团矿业有限公司委托河北省地质矿产勘查开发局第二地质大队开展资源储量核实工作，以 1981 年详勘报告为基础，提交了《河北省滦县司家营铁矿南区资源储量核实报告》。

（9）2010 年 3 月～2011 年 7 月，河北省地质矿产勘查开发局第二地质大队对该区又进行了深部普查工作，2011 年 11 月提交了《河北省滦县司家营铁矿南区深部普查地质报告》《司家营超大型铁矿地质地球物理特征综合研究》。

（10）2010 年 10 月，河北省地质矿产勘查开发局第五地质大队受河北钢铁集团矿业有限公司的委托对滦县司家营铁矿北区及扩大矿区进行了资源储量核实工作，提交了《河北省滦县司家营铁矿北区及扩大矿区资源储量核实报告》。

（11）2010～2012 年，河北省地质调查院在冀东地区开展 1∶2.5 万高精度航空磁测勘查和 1∶5 万重力测量，提交了《河北省山区 1∶2.5 万高精度航空磁测勘查冀东测区成果报告》和《河北省冀东铁矿外围 1∶5 万重力调查成果报告》。

（12）2010～2012 年，中国冶金地质总局第一地质勘查院承担了中国地质调查局地质调查项目,对滦南长凝铁矿、滦南马城铁矿、滦州市古马—张各庄、滦县青龙山—庆庄子、迁安隆起西缘、遵化曹各寨、遵化—迁西三屯营、宽城梓罗台—上板城等八个铁矿勘查区开展调查评价工作,2015年提交了《河北遵化—长凝一带铁矿调查评价报告》。

(13) 2010～2013年,河北省区域地质矿产调查研究所在第一代区域地质志基础上,系统总结了河北省、北京市、天津市近30年来的区域地质调查和科研成果,特别是地质大调查以来的新资料,编撰出版了《中国区域地质志·河北志》。

(14) 2012～2014年,北京市地质研究所开展了雷庄幅、石门幅、昌黎县幅、滦南县幅1∶5万区域地质矿产调查,覆盖了矿集区北部、西部,2015年提交了《河北1∶5万雷庄幅、石门幅、昌黎县幅、滦南县幅区域地质矿产调查报告》。

(15) 2013年4～11月,河北省地质矿产勘查开发局第二地质大队在2010年深部普查的基础上对该区又进行了普查续作,2014年4月提交了《河北省滦县司家营铁矿南区深部普查(续作)地质报告》。

(16) 2014～2015年,河北省地质调查院承担了中国地质调查局河北滦南—遵化铁矿整装勘查区专项填图与技术应用示范项目,2016年提交了《河北滦南—遵化铁矿整装勘查区专项填图与技术应用示范成果报告》。

(17) 2015年3～11月,河北省地质矿产勘查开发局第二地质大队在本区开展深部普查工作,2016年3月提交了《河北省滦县司家营铁矿北区深部普查地质报告》。

(18) 2018年4～7月,河北省地质矿产勘查开发局第二地质大队在前期工作的基础上,开展深部普查(续作)工作,2019年5月提交了《河北省滦县司家营铁矿北区深部普查(续作)地质报告》。

(19) 2019年4月～2019年9月,河北省地质矿产勘查开发局第二地质大队继续开展深部普查(续作),2019年12月提交了《河北省滦县司家营铁矿北区深部普查(续作)地质报告(2019年度)》。

(20) 2021年3月30日,河北省地质矿产勘查开发局第二地质大队提交了《河北司家营铁矿矿集区矿产地质调查(司家营北部地区)课题成果报告》。

(21) 2023年4月～2023年12月,河北省地质矿产勘查开发局第二地质大队继续开展深部普查。2024年4月提交了《河北省滦县司家营铁矿北区深部普查(2023年度续作)地质报告》。

第2章 区域地质背景

2.1 大地构造位置

依据《中国区域地质志·河北志》（河北省区域地质矿产调查研究所，2017）进行的区域综合构造单元划分，冀东司家营铁矿矿集区大地构造位置为一级构造单元隶属于柴达木-华北板块（III），二级构造单元属于华北陆块（IIIA），三级构造单元属于燕山-辽西裂谷带（$IIIA_2^3$），四级构造单元属于蓟县-唐山裂谷盆地（$IIIA_2^{3-3}$）和秦皇岛盆地（$IIIA_2^{3-4}$）（图2-1）。

此外，《中国区域地质志·河北志》（河北省区域地质矿产调查研究所，2017）区域构造单元还按照中太古代晚期—古元古代、中元古代—中三叠世、晚三叠世—古新世及始新世—第四纪四个时段进行了划分。

2.1.1 中太古代晚期—古元古代构造单元

矿集区位于冀中-冀东微陆块（$IIIA_1^5$），大巫岚-卢龙构造带（$IIIA_1^{5-2}$）与秦皇岛断块（$IIIA_1^{5-3}$）交接部位，详见图2-2。

大巫岚-卢龙构造带（$IIIA_1^{5-2}$）：呈北北东向窄带状展布，在大巫岚县—卢龙县一带露头宽3～16km，南西段被覆盖。由新太古代中期—晚期变质地质体组成，以新太古界滦县岩群、双山子岩群及朱杖子岩群为主，新太古代晚期变质深成侵入岩次之。整体变形较强，发育褶皱与断裂构造，断裂构造以多期变质糜棱岩及糜棱岩化变质岩叠加产出为特征，发育韧性变形揉皱构造与多种形态的鞘褶皱；局部夹有弱变形的岩石，主构造线呈北北东—北东向展布。

秦皇岛断块（$IIIA_1^{5-3}$）：矿集区主体位于其中。由新太古代中期—晚期变质地质体组成，以新太古代晚期变质深成侵入岩为主，新太古界滦县岩群次之。滦县岩群中发育褶皱构造，韧性变形较强；变质深成侵入岩变形相对较弱。主构造线以北北东向为主，部分地段呈北北西向，显示了近东西向挤压构造的特点。

2.1.2 中元古代—中三叠世构造单元

矿集区位于燕山-辽西裂谷带（$IIIA_2^3$），横跨蓟县-唐山裂谷盆地（$IIIA_2^{3-3}$）、秦皇岛盆地（$IIIA_2^{3-4}$），详见图2-3。

蓟县-唐山裂谷盆地（$IIIA_2^{3-3}$）：位于大巫岚-卢龙区域断裂以西，东部与秦皇岛盆地相邻。由中元古代—中三叠世地层组成，其中石炭纪—二叠纪地层被第四系覆盖，其他地层受后期改造露头不连续。本区中元古代—奥陶纪地层总厚度5117～13464m，并含有裂谷型火山岩地层。地层发育褶皱与断裂构造，受后期改造，构造线呈北北西向及近东西向展布。

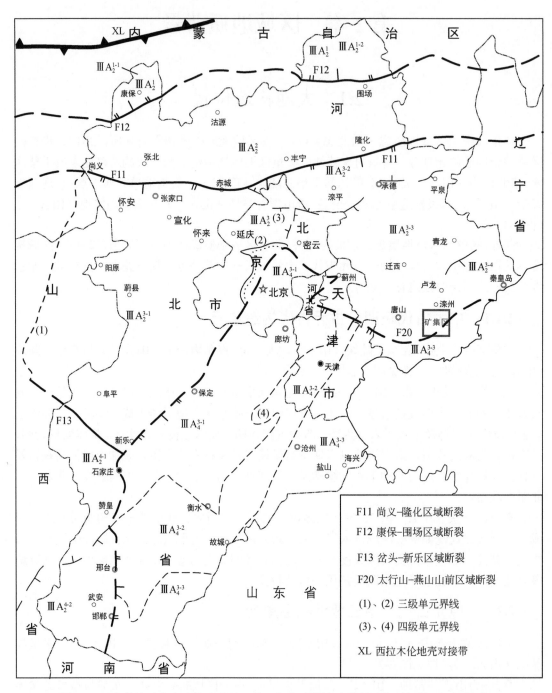

图 2-1   司家营铁矿床大地构造背景（据河北省区域地质矿产调查研究所，2017 修改）

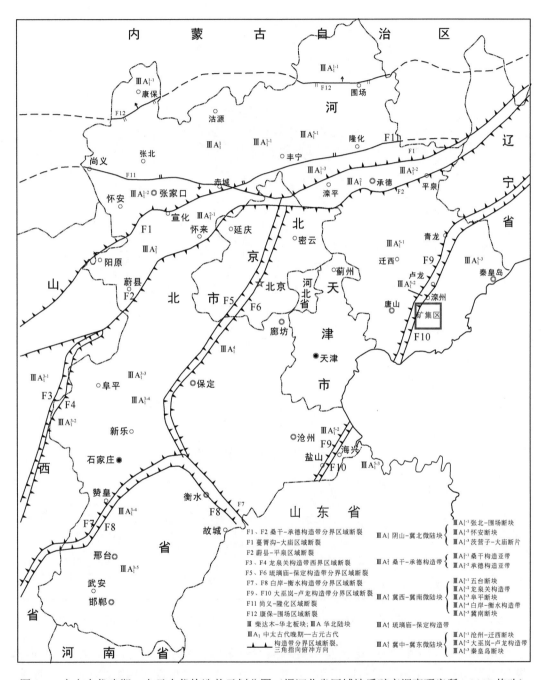

图 2-2　中太古代晚期—古元古代构造单元划分图（据河北省区域地质矿产调查研究所，2017 修改）

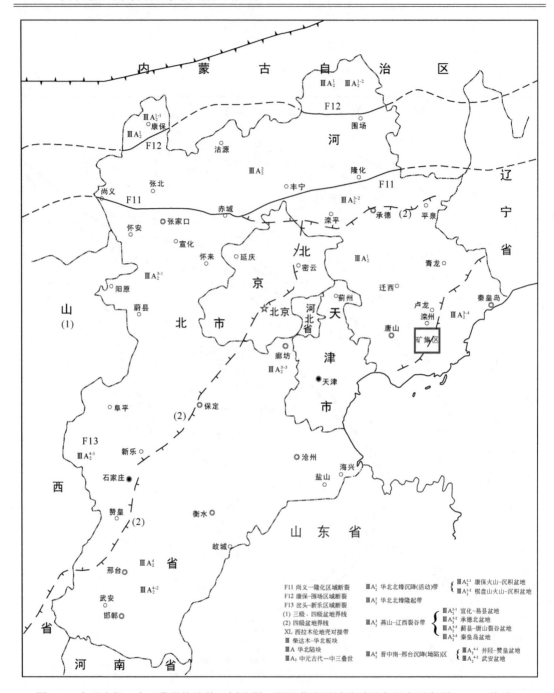

图 2-3　中元古代—中三叠世构造单元划分图（据河北省区域地质矿产调查研究所，2017 修改）

秦皇岛盆地（ⅢA$_2^{3-4}$）：属于燕山-辽西裂谷带东部的边缘盆地-古陆变化带，其西部以断层为界与蓟县-唐山裂谷盆地相邻。由中元古代—早三叠世地质体组成，露头不连续。发育褶皱与断裂构造，受后期改造，构造线呈北西向、北北东向及近东西向展布。区域内该构造单元不发育中元古代—早三叠世地质体，可能是由于风化剥蚀，也可能是这一时间段该区域未接受沉积，属古陆环境。

2.1.3　晚三叠世—古新世构造单元

这一时段形成的大兴安岭-太行山板内造山带（ⅢB）为一大型岩浆活动带，矿集区位于承德-武安火山喷发带（$ⅢB_3^2$），新集沉积盆地（$ⅢB_3^{2-9}$）与燕河营火山-沉积盆地（$ⅢB_3^{2-10}$南部区域，横跨北港火山-沉积盆地（$ⅢB_3^{2-14}$），详见图2-4。

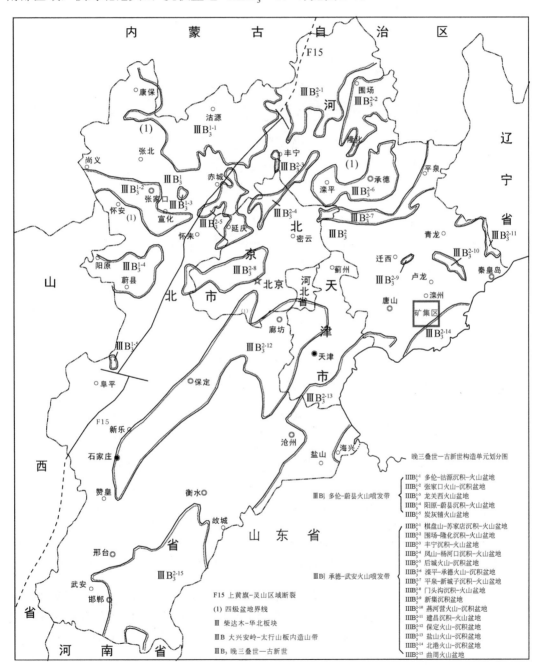

图2-4　晚三叠世—古新世构造单元划分图（据河北省区域地质矿产调查研究所，2017修改）

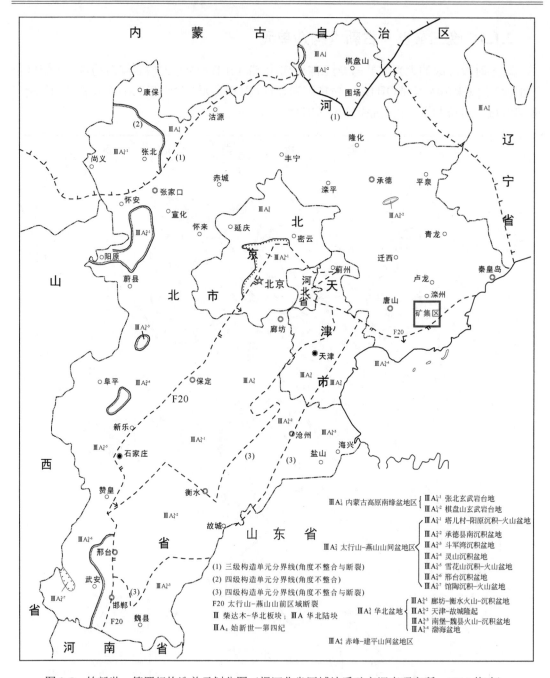

图 2-5　始新世—第四纪构造单元划分图（据河北省区域地质矿产调查研究所，2017 修改）

新集沉积盆地（$IIIB_3^{2-9}$）：位于区域东部，叠加于前中生代地质体之上，呈短带状北东向展布。宽 1～6m，长 28km 左右。由上侏罗统土城子组组成（地层厚度约 1100m），具拗陷盆地性质，部分地段被新生代地层覆盖。发育宽缓向斜构造与断裂构造，主构造线呈北东向展布。对沉积岩的分布特征分析，沉积作用具有由早到晚由盆地边缘向盆地内部迁移发展的规律。

燕河营火山-沉积盆地（$IIIB_3^{2-10}$）：位于区域东部，叠加于前侏罗纪地质体之上，由 5

个相对独立的次级盆地组成，整体呈短带状北西向展布。东西宽 1.5～15km，断续长 80km 左右。由早侏罗世—早白垩世地质体组成，以火山-沉积地层为主（地层厚度约 3030m），岩体少量，具拗陷盆地性质，部分地段被新生代地层覆盖。发育宽缓向斜构造与断裂构造，主构造线呈北东向展布。对火山岩和沉积岩的分布特征分析，火山活动与沉积作用具有由早到晚由盆地边缘向盆地内部迁移发展的规律。

北港火山-沉积盆地（$IIIB_3^{2-14}$）：位于区域东部，叠加于前侏罗纪地质体之上，呈带状北东向展布。无露头，均被新生代地层和海水覆盖。区内宽 10～35km，长 102km 左右。由侏罗纪-早白垩世地层组成，夹有火山岩，推断主构造线呈北北东向、北东向展布。

2.1.4　始新世—第四纪构造单元

区域内喜马拉雅期构造主要是北部相对抬升，南部相对沉降。研究区位于太行山-燕山山间盆地区（$IIIA_1^2$）与华北盆地（$IIIA_4^3$）分界线附近（图 2-5），位于承德县南沉积盆地（$IIIA_4^{2-2}$）南边与渤海盆地（$IIIA_4^{3-4}$）北边。

承德县南沉积盆地（$IIIA_4^{2-2}$）：位于区域东北部，叠加于前新生代地质体之上，呈短带状北东向展布。宽 0.5～1.5km，长 5.5km 左右。由渐新统灵山组陆相沉积地层组成，地层产状较平缓。

渤海盆地（$IIIA_4^{3-4}$）：位于区域东部，区内呈北东向展布。水下基岩由新近纪上新世-太古宙地质体组成，整体呈缓倾的水下台地状和盆地状；基岩与水体之间为第四纪沉积物。

2.2　区　域　地　层

依据《中国区域地质志·河北志》及《河北 1∶5 万雷庄幅、石门幅、昌黎县幅、滦南县幅区域地质矿产调查报告》划分，区域北部山区为基岩裸露区，出露有新太古界、中元古界、新元古界和古生界（表 2-1）。南部山前倾斜平原地表均被新生界覆盖，北部山地中的沟谷及山间盆地也有新生界分布，分属华北平原地层分区（表 2-2）和太行山-燕山地层分区（表 2-3）（图 2-6、图 2-7）。

2.2.1　新太古界

本区位于华北地层区（$IIIA_1$）、冀中-冀东地层分区（$IIIA_1^3$）、秦皇岛地层小区（$IIIA_1^{3-2}$）

（图 2-6），新太古界构成本区的结晶基底，出露滦县岩群阳山岩组。滦县岩群，原分别称为单塔子群白庙子组（河北省区域地质矿产调查研究所及吉林大学）、八道河群三门店组（孙大中，1984）、滦县群（钱祥麟等，1985）。

滦县岩群阳山岩组（$Ar_3^2y.$）：主要分布在卢龙县马家峪村—孟时各庄村一带，零星出露在滦州市东安各庄镇—响嘡街道一带残山及卢龙县木井镇附近。岩石组合以黑云斜长变粒岩为主，夹磁铁石英岩及少量斜长角闪岩，是冀东沉积变质型铁矿床的主要产出层位之一。该岩组为角闪岩相变质，变形以较紧密褶皱、片理化为主，普遍遭受了混合岩化作用。混合岩化作用形成了两种新生体，一种为灰白色长英质脉体，为钠质混合岩产物，发育各种小型褶皱；另一种为肉红色中粗粒正长花岗质脉体，即钾质混合岩化产物。前者顺片麻理分布，后者常斜切片麻理。局部表现为沿构造带发育的钾长石化和花岗伟晶岩脉。

表 2-1 司家营铁矿矿集区区域基岩地层简表

地质年代			岩石地层		代号	厚度/m	岩性组合特征
代	纪	世					
早古生代	奥陶纪	中世	马家沟组		O_2m	42.3	灰白色厚层白云质角砾岩、含燧石结核泥晶灰岩、砾屑灰岩、白云质灰岩、角砾岩
		早世	亮甲山组		O_1l	87.5～179.9	灰色中层灰岩、白云质砾屑灰岩、含燧石结核灰岩、泥晶白云岩、角砾岩
			冶里组		O_1y	75.8	灰黑色厚层灰岩、泥质灰岩、砾屑灰岩
	寒武纪	末世	炒米店组		$\text{\textepsilon}_4O_1ch$	50.7～60.7	紫红色页岩、粉砂岩、砾屑灰岩、泥质灰岩，含白云质灰岩
			崮山组		$\text{\textepsilon}_4g$	49.2～96	灰紫色页岩夹薄板状泥质灰岩、砾屑灰岩，白云质灰岩
		晚世	张夏组		$\text{\textepsilon}_3zh$	80.9～100.9	灰色中层鲕粒灰岩夹暗紫色页岩，鲕粒灰岩与灰色泥质灰岩互层
			馒头组		$\text{\textepsilon}_{2-3}m$	88.3	紫红色页岩、页岩、钙质粉砂岩，泥质灰岩
		中世	昌平组		$\text{\textepsilon}_2ch$	82.8	灰色角砾状灰岩、厚层状豹斑灰岩、泥晶灰岩、沥青质灰岩、泥晶白云岩
新元古代	青白口纪		景儿峪组		Qbj	85.5	鸭蛋青色、灰褐色薄板状泥晶白云岩夹中层灰质白云岩、薄层黄色泥质条带
			龙山组	二段	Qbl^2	59.4	黄绿色石英砂岩、粉砂岩、页岩、细粒石英砂岩
				一段	Qbl^1	89.5～163.2	灰色厚层燧石质角砾岩，灰紫色中厚层石英质砾岩，灰色薄层细砾岩与灰色中层石英砂岩互层
中元古代	蓟县纪		雾迷山组	三段	Jxw^3	48.9	含砾粗砂岩、细砂岩，灰白色藻席白云岩、细晶白云岩
				二段	Jxw^2	44.2	灰白色石英砂岩、灰色含燧石条带白云岩、藻团白云岩
				一段	Jxw^1	70.5	灰白色厚层燧石条带泥晶白云岩、灰色藻席白云岩
			杨庄组	二段	Jxy^2	84.3～129.2	灰色厚层状砾岩、紫红色泥质白云岩与灰白色泥晶白云岩互层
				一段	Jxy^1	77.8	灰色复成分砾岩、石英砂岩、含燧石结核白云岩、泥晶白云岩
			高于庄组	四段	Jxg^4	65.3	灰白色砾屑白云岩，厚层泥粉晶白云岩、藻席白云岩、燧石条带白云岩
				三段	Jxg^3	26.7	灰白色长石石英砂岩、含燧石结核白云岩、泥晶白云岩
				二段	Jxg^2	69.2	棕红色白云质砂岩、薄层泥晶白云岩、叠层石白云岩
				一段	Jxg^1	57.9	灰白色中厚层石英砂岩，灰白色含叠层石燧石团块白云岩，藻席白云岩，白云质砂岩
	长城纪		大红峪组	二段	Chd^2	34.6～64.9	灰白色白云质细砂岩、纹层白云岩、燧石条带白云岩、砾屑白云岩
				一段	Chd^1	120.8～200.8	复成分砾岩、灰色砾岩、含砾粗砂岩、石英砂岩、石英粉砂岩，局部见碱性玄武岩夹层
新太古代			滦县岩群	阳山岩组	$Ar_3^1y.$	>148	以黑云斜长变粒岩为主，夹磁铁石英岩及少量斜长角闪岩

表 2-2 司家营铁矿矿集区区域新生界（平原区）地层简表

地质年代			岩石地层	代号	厚度/m	岩性组合特征
代	纪	世				
新生代	第四纪	全新世		Q_h	19.9	下部为青灰色、深灰色粉砂质黏土；中上部为黄色、灰黄色细砂，土黄色、棕黄色粉砂
		更新世	西甘河组	Q_p^3x	<50	下段下部以绿灰色、深灰色黏土、黏质粉砂为主，上部为灰黄色、灰色细砂、粉砂，横向可相变为卵砾石层；上段下部为深灰色、灰黑色粉砂质黏土，中上部为灰黄色、浅绿灰色中细砂，含少量细砾石
			肃宁组	Q_p^2s	70~100	下段以浅灰色、灰黄色细砂为主，夹蓝灰色、绿灰色粉砂质黏土；上段以浅绿灰色中细砂为主，夹深灰色、绿灰色粉砂质黏土
			饶阳组	Q_p^1r	200~250	下段以棕黄色、灰褐色粉细砂、粉砂质黏土为主；中段以灰黄色细砂、浅灰色粉砂质黏土为主，下部发育10~20m卵砾石层；上段以灰黄色、深灰色细砂、粉砂为主，夹粉砂质黏土
	新近纪	上新世	明化镇组	N_2m	200	以棕黄色、棕红色黏土为主，夹浅灰色细砂层，含砂砾层，致密块状，半固结

表 2-3 司家营铁矿矿集区区域新生界（山区）地层简表

地质年代			岩石地层	代号	厚度/m	岩性组合特征
代	纪	世				
新生代	第四纪	全新世		Q_h	15~25	灰白色细砂、砾石、粉细砂、亚砂土
		更新世	马兰组	Q_p^3m	20	棕黄色、褐黄色粉砂质黏土，夹薄层或透镜体状砂层
			迁安组	Q_p^3q	10~75	灰白色、黄色细砂、粉细砂
				Q_p^3	15	以含砾粗砂、砂质黏土为主，夹砾石层
	新近纪	上新世	石匣组	N_2s	5	棕红色黏土

2.2.2 中、新元古界

出露长城系、蓟县系和青白口系，零星分布于区域西北部，呈北西向、北东向展布。与下伏太古宙变质岩系呈角度不整合接触。

1. 长城系（Ch）

区域地处山海关古陆边缘，缺失长城系常州沟组、串岭沟组、团山子组，只见大红峪组。

大红峪组（Chd）：该组与下伏新太古代地层为角度不整合接触，依据白云岩成分的首现作为二段底部的特征，将该组划分为两段。一段：底部为复成分砾岩，下部为灰色砾岩、灰色含砾粗砂岩，石英砂岩；上部主要为石英粉砂岩。局部见碱性玄武岩夹层。而在滦河东岸一段上部为页岩与粉砂岩互层。二段：由灰白色纹层白云岩与白云质细砂岩组成韵律，向上为灰色燧石条带白云岩、砾屑白云岩。

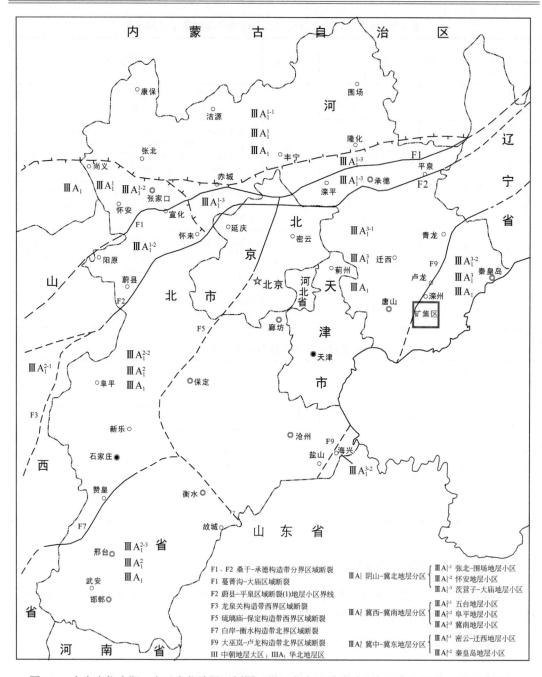

图 2-6   中太古代晚期—古元古代地层区划图（据河北省区域地质矿产调查研究所，2017 修改）

2. 蓟县系（Jx）

区域蓟县系缺失洪水庄组、铁岭组，自下而上出露有高于庄组、杨庄组和雾迷山组。

高于庄组（Jxg）：该组为一套碳酸盐岩沉积，底部发育 2～3m 的石英砂岩，与下伏大红峪组呈平行不整合接触。该组划分为四个段。一段：底部为灰白色、中厚层石英砂岩，下部为灰白色含叠层石燧石团块白云岩；中部为白云质砂岩、白云质粉砂岩、泥质白云岩；

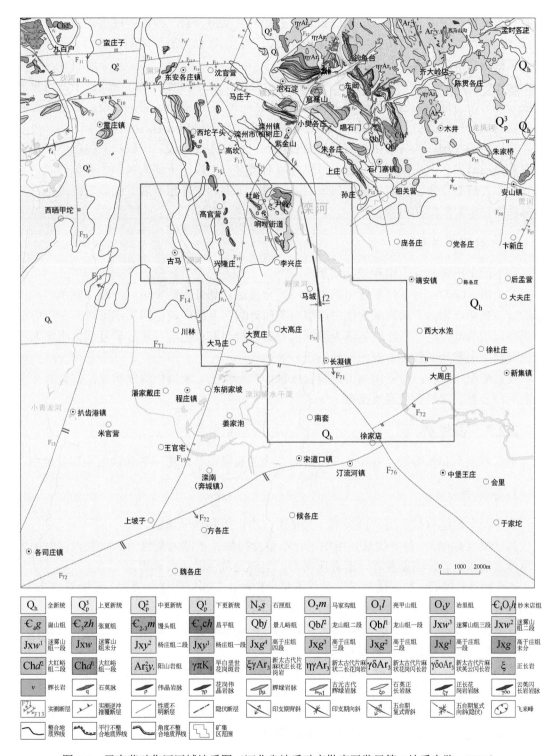

图 2-7　司家营矿集区区域地质图（河北省地质矿产勘查开发局第二地质大队，2021）

上部为燧石团块叠层石白云岩、藻席白云岩、燧石条带泥晶白云岩。二段：下部为棕红色白云质砂岩，棕色、棕褐色薄层泥晶白云岩，上部为叠层石白云岩。三段：下部为灰白色长石石英砂岩，中部为含燧石结核白云岩，上部为泥晶白云岩。四段：底部为灰白色砾屑白云岩，岩性以浅灰色、灰白色厚层泥粉晶白云岩、藻席白云岩及燧石条带白云岩为主，顶部见鲕粒白云岩。

杨庄组（Jxy）：与下伏高于庄组平行不整合接触。划分为两个段。一段：下部为灰色复成分砾岩，上部为灰色石英砂岩夹含燧石结核白云岩、泥晶白云岩。二段：紫红色泥质白云岩与灰白色泥晶白云岩互层，以灰色厚层状砾岩与一段白云岩截然区分。

雾迷山组（Jxw）：与下伏杨庄组为整合接触。划分为三个段。一段：灰白色厚层燧石条带泥晶白云岩、灰色藻席白云岩，可见叠层石发育。二段：下部为灰白色石英砂岩，上部为灰色含燧石条带白云岩、藻团白云岩。三段：下部为含砾粗砂岩、细砂岩；上部为灰白色藻席白云岩夹细晶白云岩。

3. 青白口系（Qb）

自下而上出露有龙山组和景儿峪组。

龙山组（Qbl）：与下伏雾迷山组平行不整合接触。划分为两个段。一段：底部为灰色厚层燧石质角砾岩，下部为灰紫色中厚层石英质砾岩，上部由灰色薄层细砾岩与灰色中层石英砂岩组成韵律层。二段：下部为黄绿色石英砂岩与灰黄色薄层粉砂岩互层，中部为灰绿色页岩，上部为灰紫色、灰色细粒石英砂岩。

景儿峪组（Qbj）：与下伏龙山组整合接触。鸭蛋青色、灰褐色薄板状泥晶白云岩夹中层灰质白云岩、薄层黄色泥质条带。

2.2.3　古生界

出露寒武系和奥陶系，分布于开平向斜东缘的巍峰山、雷庄一带和武山向斜盆地中。

1. 寒武系（Є）

自下而上出露有昌平组、馒头组、张夏组、崮山组和炒米店组。

昌平组（$Є_2ch$）：与下伏景儿峪组平行不整合接触。下部为灰色角砾状灰岩；中部为灰色厚层豹斑灰岩、泥晶灰岩、沥青质灰岩；上部为灰色泥晶白云岩。

馒头组（$Є_{2-3}m$）：与下伏昌平组平行不整合接触。下部以紫红色页岩、泥质灰岩为主；上部为黄绿色、紫红色页岩、钙质粉砂岩互层。

张夏组（$Є_3zh$）：与下伏馒头组整合接触。下部为灰色中层鲕粒灰岩夹暗紫色页岩；上部为鲕粒灰岩与灰色泥质灰岩互层。

崮山组（$Є_4g$）：与下伏张夏组整合接触。下部为灰紫色页岩夹薄板状泥质灰岩；中部为灰紫色中厚层竹叶状砾屑灰岩；上部为白云质灰岩。

炒米店组（$Є_4O_1ch$）：与下伏崮山组整合接触。下部为紫红色页岩、粉砂岩、砾屑灰岩、泥质灰岩；上部为含白云质灰岩和泥质灰岩。

2. 奥陶系（O）

自下而上出露有冶里组、亮甲山组和马家沟组。

冶里组（O_1y）：与下伏炒米店组整合接触。底部为灰黑色厚层灰岩；下部为泥质灰岩；

中部为砾屑灰岩及泥质灰岩；上部为泥质灰岩与砾屑灰岩互层。

亮甲山组（O_1l）：与下伏冶里组整合接触。下部为灰色中层灰岩，白云质砾屑灰岩；中部为含燧石结核灰岩；上部为灰色泥晶白云岩；顶部常见因水体变浅，侵蚀扰动形成的角砾岩。

马家沟组（O_2m）：与下伏亮甲山组平行不整合接触。底部为灰白色厚层白云质角砾岩；下部为含燧石结核泥晶灰岩；上部以砾屑灰岩、白云质灰岩为主。普遍含燧石结核。

2.2.4 新生界

区域南部山前倾斜平原地表均被新生界覆盖，北部山地中的沟谷及山间盆地也有新生界分布。自北向南地势逐渐降低，由山间谷地过渡到山前倾斜平原，新生界堆积厚度为几十米至 1000 余米。据地貌可划分为北部山区新生界（包括山间洼地、山麓堆积等）和南部山前倾斜平原堆积。山区与平原并无截然界限，山区沉积组合与平原区为过渡关系，并无明显划分标志，部分层位为同时异相关系，空间上为相变过渡。

新近系：只有上新统，山区为石匣组，零星出露，平原区为明化镇组，隐伏于平原之下（表 2-2、表 2-3）。

第四系：山区第四系自更新统至全新统，地层出露较齐全，成因类型复杂，主要有残坡积、坡洪积、冲洪积、洪冲积、冲积、湖积、湖沼积等。平原区第四系自更新统至全新统发育齐全，地层较连续（表 2-2、表 2-3）。

2.3 区 域 构 造

2.3.1 褶皱构造

区域褶皱构造主要形成于新太古代（五台期）和中生代（印支期和燕山期）。五台期褶皱是在高温高压下与变质作用同时发生的变形作用，其变形面往往是后期构造置换形成的构造面，褶皱形态多为紧闭褶皱，具有多级别、叠加褶皱发育的特点。中生代褶皱为沉积盖层褶皱，规模较大，且较易识别（图 2-7）。

1. 五台期褶皱

五台期褶皱构造运动主要有两期：早期为轴向近东西向或北东东向，向西倾伏的开阔褶皱；晚期为轴向近南北向，向西倾斜的紧密褶皱。经多期次的构造叠加，现存褶皱形态极其复杂，褶皱总体形迹表现为轴向呈近南北向至北北西向同斜紧密褶皱。主要有阳山复式倒转背形（f1）和司马长复式倒转向形（f2）。司马长复式倒转向形为轴向近南北向，轴面西倾，褶皱枢纽向南倾伏的复式褶皱带，长十几公里，控制着矿集区内沉积变质型铁矿床的形态、空间分布、规模和产状。

2. 印支期、燕山期褶皱

燕山期褶皱叠加在印支期褶皱之上，区域印支期形成、燕山期改造的褶皱主要有武山向斜（f5）、滦县背斜（f6）、青龙山复背斜（f3）及开平向斜（f4）。前三者均呈北西向展布，南东翘起，北西倾伏；开平向斜呈北东—北东东向展布，向南西倾伏。

2.3.2 断层构造

区域断层主要分布在图幅中部，以印支期、燕山期为主，主要有北北东向、北北西向、近东西向和北东东向四组，主要断层特征详见表2-4。

表 2-4 司家营铁矿矿集区区域断层特征简表

编号	规模	产状			性质	时代
		走向	倾向	倾角		
F11	图幅内长约18km，宽100～200m	近东西向	南	80°	逆断层	印支期
F12	长约30km，宽100～200m	西段近东西向，东段南西向	西段南，东段南西	70°	逆断层	印支期
F13	图幅内长约42km，宽约100m	N20°E	西	70°	左行平移，逆断层	燕山期
F14	长约19km，宽约100m	N30°W	南西	80°	逆断层	印支期
F15	长约25km，宽约100m	N30°W～N30°E	南西—北西	70°～80°	逆断层	燕山期
F16	长约20km，宽约100m	N25°W	南西	70°	逆断层	燕山期
F17	长约13.5km，宽约50m	N25°W	南西	80°	逆断层	燕山期
F18	长约8km，宽小于100m	N30°E	北西	陡	逆断层	燕山期
F19	图幅内长约45km，宽约200m	N10°～30°E	北西	70°	性质多变	多期活动
F54	图幅内长约14km，宽小于100m	近东西	南	80°	正断层	燕山期
F55 F58	被F56截断，往东为F58。图幅内长约17km	北东东	南东	70°	正断层	燕山期
F56	长约10km，宽100～200m	北北东	西	80°	不明	燕山期
F57	图幅内长约3km，宽小于100m	北北东	东	80°	正断层	燕山期
F71	图幅内长约40km	近东西	南	70°	正断层	燕山期
F72	图幅内长约47km	N60°E	南东	70°	正断层	燕山期

1. 北北东向断层

主要有多期活动断层：大巫岚-卢龙区域断裂（F19）。燕山期断层：雷庄-赵店子隐伏断层（F13）、沈官营隐伏断层（F18）、大李佃子-康艾庄隐伏断层（F56）和安山-峪门口断层（F57）。

大巫岚-卢龙区域断层：该断层带构成中太古代晚期—古元古代Ⅳ级构造单元大巫岚-卢龙构造带（ⅢA$_1^{5-2}$），其西为沧州-迁西断块（ⅢA$_1^{5-1}$），其东为秦皇岛断块（ⅢA$_1^{5-3}$）。南起滦南县城南，向北北东经响嘡街道、滦州镇。

2. 北北西向断层

主要有印支期断层：古马隐伏断层（F14）。燕山期断层：芝麻山西断层（F15）、滦县隐伏断层（F16）和高坎-响嘡-李兴庄断层（F17）。

3.近东西向断层

主要有印支期断层：九百户隐伏断层（F11）和安各庄隐伏断层（F12）。燕山期断层：里各庄-昌黎稳伏断层（F54）和长凝断层（F71）。

4.北东东向断层

均为燕山期，主要有太行山-燕山山前区域断裂（F72）和坎上村-侯庄子村断层（F55、F58）。

太行山-燕山山前区域断裂：该断裂带为始新世—第四纪Ⅲ级构造单元华北盆地（ⅢA$_4^3$）与太行山-燕山山间盆地区（ⅢA$_4^2$）的分界线。分布在图幅南部。

2.4 区域岩浆岩

2.4.1 火山岩

区域火山岩基本不发育，仅在图幅西北部滦州市九百户镇一带出露小面积中元古界大红峪组火山岩，岩性为杏仁状玄武岩，岩体呈条带状层状产出，上覆下伏均为同期含砾石英砂岩。岩石主要由斜长石、玻璃质、暗色矿物假象组成，还见有气孔杂乱分布，少量杏仁体由沸石、皂石等填充。

2.4.2 侵入岩

区域侵入岩主要出露于图幅东北部，同时西北部残山也有零星少量出露。依据《河北1:5万雷庄幅、石门幅、昌黎县幅、滦南县幅区域地质矿产调查报告》，区域侵入岩可划分为三个时代，岩石单位划分见表2-5。

表2-5 司家营铁矿矿集区区域侵入岩岩石单位划分表

时代	填图单位	代号	侵入围岩	主要分布位置
早白垩世	花岗斑岩	$\gamma\pi K_1$	$\gamma\delta oAr_3$	昌黎县安山镇九龙山
古元古代	辉绿岩	$\beta\mu Pt_1$	$Ar_3^2 y.$	卢龙县石门镇西马山沟村西南
新太古代	片麻状正长花岗岩	$\xi\gamma Ar_3$	$Ar_3^2 y.$	滦州市康各庄村—卢龙县石门镇一带、滦州市九百户镇西
	片麻状二长花岗岩	$\eta\gamma Ar_3$	$Ar_3^2 y.$	滦州市康各庄村—卢龙县陈贯各庄村一带
	片麻状英云闪长岩	$\gamma\delta oAr_3$	$Ar_3^2 y.$	昌黎县安山镇九龙山北、滦州市芹菜山东
	片麻状花岗闪长岩	$\gamma\delta Ar_3$	$Ar_3^2 y.$	卢龙县前上庄水库—孟时各庄村一带

1.新太古代变质深成岩

新太古代变质深成岩是区域分布较广的侵入体，主要出露于图幅东北部及滦州市一带残山。主要划分为片麻状正长花岗岩、片麻状二长花岗岩、片麻状英云闪长岩、片麻状花岗闪长岩四类，其中以片麻状二长花岗岩分布最广。在《唐山幅1：20万区域地质调查报告》中，该期侵入体被称为均质混合岩。

变质深成岩岩体中常见阳山岩组呈捕房体产出，在阳山岩组捕房体附近，侵入体岩石片麻状构造明显，离开捕房体后侵入岩片麻状构造逐渐变弱。

1）新太古代片麻状花岗闪长岩（$\gamma\delta Ar_3$）

主要分布于卢龙县前上庄水库一孟时各庄村一带。岩体侵入其北侧、西侧、东侧的阳山岩组。岩石呈浅灰-浅灰白色，中细粒花岗结构，块状-弱片麻状-片麻状构造。根据岩石薄片鉴定结果，岩石多保留了原始的岩浆结晶结构，以中细粒花岗结构为主，少数为似斑状结构。岩石由斜长石、钾长石、石英、黑云母组成。岩石中矿物含量：石英20%～35%，斜长石40%～70%，一般为50%，钾长石5%～25%，黑云母5%～15%。

2）新太古代片麻状英云闪长岩（$\gamma\delta o Ar_3$）

主要分布于昌黎县安山镇九龙山北、滦州市芹菜山东，出露面积小。岩石呈浅灰色，鳞片粒状变晶结构，可见变余中细粒半自形粒状结构，弱片麻状构造，岩石由斜长石、钾长石、石英、角闪石、黑云母组成。岩石中矿物含量：石英20%～25%，斜长石60%～65%，钾长石3%～5%，角闪石5%～15%，黑云母5%±。

3）新太古代片麻状二长花岗岩（$\eta\gamma Ar_3$）

主要分布于滦州市上康各庄村一卢龙县陈贯各庄村一带。新太古代片麻状二长花岗岩侵入阳山岩组，并侵入新太古代片麻状花岗闪长岩，被大红峪组角度不整合覆盖。岩体中多有阳山岩组捕房体，呈透镜状杂乱排列。

岩石多呈浅肉红色，岩石结构变化较大，以粗中粒结构、细中粒花岗结构为主，少量中细粒花岗结构，似斑状结构少见。块状构造较常见，局部见片麻状构造。岩石由斜长石、钾长石、石英、黑云母组成。岩石中矿物含量：石英20%～40%，斜长石25%～45%，钾长石20%～55%，黑云母5%～15%。

4）新太古代片麻状正长花岗岩（$\xi\gamma Ar_3$）

主要分布于滦州市上康各庄村一卢龙县石门镇一带及滦州市九百户镇西，以晚期小岩体和脉岩形式存在，侵入新太古代片麻状二长花岗岩，被大红峪组角度不整合覆盖。

岩石多呈红色，岩石结构从细粒至粗粒结构均有出现，块状构造-片麻状构造。岩石由钾长石、斜长石、石英、黑云母组成。岩石中矿物含量：石英20%～35%，钾长石40%～70%，斜长石10%～25%，黑云母1%～15%。

2. 古元古代辉绿岩（$\beta\mu Pt_1$）

主要分布于卢龙县石门镇西马山沟村西南阳山岩组中。最大的一个辉绿岩脉，南北向延伸1km多，宽50～100m，近直立。

岩石呈辉绿结构，块状构造，蚀变较强。由斜长石、辉石、角闪石组成，含少量石英、钾长石、黑云母。岩石中矿物含量：斜长石60%，石英5%±，钾长石5%±，辉石10%～15%，角闪石10%～15%，黑云母5%±。

3. 早白垩世花岗斑岩（$\gamma\pi K_1$）

只出露于昌黎县安山镇九龙山，规模较小，其侵入北东侧的新太古代片麻状英云闪长岩，被晚更新世马兰组掩盖。岩石呈灰白色，多斑结构-基质微晶结构，块状构造。岩石由斑晶、基质组成。斑晶由石英（5%～15%）、钾长石（5%～20%）、斜长石（20%～30%）、黑云母和角闪石（5%～10%）组成，粒度一般为 0.5～6mm，杂乱分布。基质由石英、钾长石、斜长石及少量黑云母组成，粒度一般为 0.1～0.2mm，杂乱分布，填隙于斑晶之间。长英质 35%～55%，暗色矿物 2%～3%。

4. 脉岩

区域内脉岩较发育，种类较多，自基性-酸性均有见，主要为辉绿岩脉、花岗伟晶岩脉、石英脉等。规模一般较小，脉体宽几厘米至数米，个别达到几十米。方向以北西向、北北西向为主，其次为北东向等。形态主要呈细脉状、长条状、透镜状等。

2.5　区域地球物理特征

2.5.1　物性特征

1. 岩（矿）石磁性

依据河北省地球物理勘查院 1976 年提交的《河北省唐山地区司家营铁矿区外围地面磁测报告》，区域上部分矿区岩（矿）石磁参数测定结果见表 2-6。

表 2-6　区域岩（矿）石磁参数统计表

岩（矿）石名称	测区名称	标本块数	磁化率 $K/(10^{-6}4\pi SI)$		剩余磁化强度 $Jr/(10^{-3}A/m)$	
			平均值	变化范围	平均值	变化范围
磁铁石英岩	司家营	55	2.5×10^4	$0\sim7\times10^4$	3×10^3	$0\sim4\times10^4$
	大贾庄	38	4.6×10^4	$1\times10^4\sim7\times10^4$	8.5×10^3	$1\times10^4\sim7\times10^4$
	川林	15	2.45×10^4	$9\times10^3\sim7\times10^4$	1.45×10^3	$0\sim9\times10^4$
	坎上	12	4.08×10^4	$2\times10^4\sim6\times10^4$	6.60×10^3	$1\times10^2\sim2\times10^4$
	高官营	11	5.59×10^4	$1\times10^4\sim8\times10^4$	1.05×10^3	$2\times10^2\sim3\times10^4$
	东安各庄	24	5.44×10^4	$2\times10^4\sim9\times10^4$	2.65×10^3	$1\times10^3\sim2\times10^5$
	石门	29	2.96×10^4	$1\times10^4\sim5\times10^4$	3.30×10^3	$1\times10^2\sim1\times10^5$
含磁铁角闪斜长片麻岩	川林	3	2.18×10^4	$5\times10^3\sim4\times10^4$	4.42×10^3	$1\times10^2\sim9\times10^3$
含磁铁角闪斜长玢岩	坎上	3	3.5×10^3	$2\times10^3\sim5\times10^3$	1.0×10^2	$0\sim5\times10^2$
含铁辉石角闪岩	高官营	1	1.50×10^4		1.50×10^3	

续表

岩（矿）石 名称	测区 名称	标本 块数	磁化率 K/（10⁻⁶4πSI）		剩余磁化强度 Jr/（10⁻³A/m）	
			平均值	变化范围	平均值	变化范围
片麻岩（含 黄铁矿）	高官营	1	$6.50×10^3$		$1.50×10^3$	
花岗闪长岩	石门	2	$2.50×10^3$		$8.75×10^2$	$1×10^2～2×10^3$
超基性岩	高官营	3	$5×10^2$	$0～1×10^3$	$1×10^2$	$0～5×10^2$
片麻岩	木井	3	$1.28×10^2$	$6×10～2×10^2$	$5.9×10$	$0～7.5×10$
	大贾庄	3	无、弱磁		无、弱磁	
	高官营	38	无、弱磁		无、弱磁	
	长凝	24	无、弱磁		无、弱磁	
变粒岩	司家营	25	无、弱磁		无、弱磁	
	大贾庄	35	无、弱磁		无、弱磁	
	川林	4	无、弱磁		无、弱磁	
混合岩	司家营	5	无、弱磁		无、弱磁	
	大贾庄	8	无、弱磁		无、弱磁	
	坎上	2	无、弱磁		无、弱磁	
混合花岗岩	大贾庄	2	无、弱磁		无、弱磁	
	坎上	1	无、弱磁		无、弱磁	
变质辉长岩	司家营	2	无、弱磁		无、弱磁	
石英岩	司家营	2	无、弱磁		无、弱磁	
	大贾庄	1	无、弱磁		无、弱磁	
石英砂岩	高官营	2	无、弱磁		无、弱磁	
角闪岩脉	高官营	2	无、弱磁		无、弱磁	
辉绿岩	东安各庄	27	无、弱磁		无、弱磁	
	石门	3	无、弱磁		无、弱磁	
	木井	10	$9.7×10^2$	$3×10^2～2×10^3$	$4.42×10^2$	$5×10^2～2×10^2$
伟晶岩	司家营	5	无、弱磁		无、弱磁	
正长斑岩	坎上	2	无、弱磁		无、弱磁	

由表 2-6 可知，磁铁石英岩的磁化率达（$2.45×10^{-2}～5.59×10^{-2}$）4πSI，剩余磁化强度为 1.05～8.50A/m，磁性最强；而含磁铁角闪斜长片麻岩、含铁辉石角闪岩的磁性与磁铁石英岩相当；含磁铁角闪斜长玢岩、片麻岩（含黄铁矿）及花岗闪长岩的磁性较磁铁石英岩小一个数量级；超基性岩、辉绿岩和部分测区的片麻岩具有一定的磁性，其磁性较磁铁石英岩小二个数量级；其他变质岩、沉积岩及侵入岩均表现为无磁或弱磁性特征。综上所述，研究区岩（矿）石磁性特征表现为：磁铁石英岩及含磁铁的岩石具有很强的磁性，与围岩（正常的变质岩、沉积岩）具有明显的磁性差异。

2. 岩（矿）石密度

依据河北省地质调查院 2016 年提交的《河北滦南—遵化铁矿整装勘查区专项填图与技术应用示范成果报告》，区域岩（矿）石密度参数测定结果见表 2-7。

表 2-7 区域岩（矿）石密度参数统计表

矿石名称	标本块数	密度 $\sigma/$（10^3kg/m³）		
		变化范围	常见值	平均值
第四系大样	70	1.67～1.86	1.79	1.80
黑云变粒岩	230	2.62～2.82	2.70～2.75	2.72
片麻状混合岩	137	2.52～2.80	2.66～2.75	2.69
花岗质混合岩	65	2.57～2.77	2.61～2.65	2.66
细纹状磁铁石英岩	107	2.82～4.23	3.40～3.60	3.50
条纹状磁铁石英岩	36	2.75～3.67	3.30～3.50	3.35

由表 2-7 可知，磁铁矿与围岩之间有明显的密度差异。主要围岩片麻状混合岩、花岗质混合岩和黑云变粒岩密度平均值为 $2.66×10^3$～$2.72×10^3$kg/m³，与磁铁石英岩之间密度差约 $0.8×10^3$kg/m³。

综上所述含矿磁性体（铁矿体）与围岩的磁性与密度差异较明显，利用重、磁勘探方法寻找沉积变质型铁矿床是可行的。

2.5.2 地球物理场特征

1. 航磁特征

根据 1∶2.5 万高精度航空磁测勘查成果，区域磁场特征为：太行山-燕山山前区域断裂北侧，司家营铁矿矿集区表现为高磁场背景，出现多处正、负局部异常，是含矿的太古宇变质基底隆起区；司家营铁矿矿集区周边则为低磁场背景，中新元古界分布区为较规则的局部负异常，太古宇变质岩层零星出露区出现多处正、负局部异常；太行山-燕山山前区域断裂南侧凹陷区，大部分表现为低缓的正、负局部异常，较高的局部正异常为隐伏的侏罗纪玄武岩区。磁异常展布方向为北西向或近南北向，与基底褶皱构造的长轴方向和沉积变质型铁矿床的展布方向基本一致。

在滦州市—滦南县一带划分出 12 个航磁异常带（图 2-8），其中雷庄滦南、东安各庄兴隆庄、马庄子司家营、朱各庄马城 4 个航磁异常带主体位于矿集区。航磁异常带呈条带状近南北向平行展布，ΔT 一般中部高，南北两侧相对较低。

2. 重力场特征

依据 1∶5 万区域重力测量成果，区域内重力总体表现为北高南低，具有明显的分区特征，以南部宏大的北东向重力梯级带为界，该梯级带是太行山-燕山山前区域断裂的反映。梯级带以北是重力高值区，尤其在多余屯—解家桥一带重力高异常十分明显，该区也是冀东地区乃至全国的重力高值区之一，该重力高异常是基底隆起的反映，该隆起区有可能也是上地幔隆起的反映；重力梯级带以南重力场值明显降低，尤其在史各庄—乐亭一带，重力低值区十分明显，是乐亭凹陷区的反映。本区的重力场特征反映了该区域的基底以及基岩面的起伏状况。

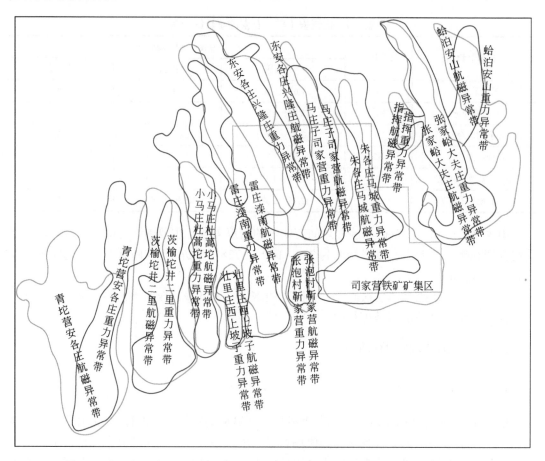

图 2-8 滦州市—滦南县一带航磁、重力分带示意图（据河北地质调查院，2016）

在滦州市—滦南县一带自西向东亦分为 12 个重力异常带（图 2-8），名称与航磁分带名相同，雷庄滦南、东安各庄兴隆庄、马庄子司家营、朱各庄马城 4 个重力异常带通过矿集区。其中马庄子司家营、朱各庄马城重力异常带与航磁异常带范围基本吻合，且具有一定相关性，基本反映了太古宇含铁建造层位的分布特征；雷庄滦南、东安各庄兴隆庄航磁异常带与重力异常带范围不吻合，航磁异常正等值线位于剩余重力负值区，重力异常带多为基底局部隆起的反映。同时重磁异常带呈近南北向或北北西向条带状展布，与已知铁矿带的展布方向一致，异常带的分布特征和规律表明，含铁建造受控于多个南北向的构造。

2.5.3 物探异常

区域图幅内 1∶2.5 万航磁异常除太行山-燕山山前区域断裂以南深覆盖区 3 个低缓异常未查证外，其余经地质勘查工作证实绝大多数为磁铁矿体引起。矿集区内太行山-燕山山前区域断裂以北航磁异常均已查证，且均为磁铁矿体引起，已提交 15 个铁矿产地，累计查明铁矿资源量 54.54 亿 t，潜在铁矿资源量 6.50 亿 t。

依据 1:2.5 万航磁及 1:5 万重力成果，在矿集区共分布有雷庄滦南、东安各庄兴隆庄、马庄子司家营、朱各庄马城 4 个重磁异常带。其中重磁异常范围大、强度高、吻合好地段，是地表出露或浅覆盖区已知的超大型、大型铁矿聚集区，如马庄子司家营航磁异常带（ΔT 极大值 2615nT）、朱各庄马城航磁异常带（ΔT 极大值 6996nT）。航磁异常带范围和强度一般，又与重力异常带范围不吻合的，如雷庄滦南、东安各庄兴隆庄航磁异常带，也发现了中型铁矿或厚大矿体，如李夏庄（ΔT 极大值 326nT）、古马（中型、ΔT 极大值 382nT）和高官营（ΔT 极大值 329nT）等地都发现了中型铁矿；研究区范围外紧邻太行山-燕山山前区域断裂的杜蒿坨（ΔT 极大值 421nT），施工见矿钻孔在孔深 739m 处穿过第四系视厚 22m 的铁矿层。

综上所述，矿集区航磁异常与铁矿相关，重力异常则存在多解性。已知铁矿区都有航磁相对高异常显示，铁矿体规模巨大的则对应有局部重力异常叠加在基底隆起的区域性重力异常之上的显示，铁矿体规模相对较小则无剩余重力异常对应。无航磁异常对应的局部重力异常一般为局部相对基底隆起引起。

2.5.4 地质构造推断解释

依据 1:2.5 万航磁及 1:5 万重力成果，通过矿集区的 2 条区域断层 F19、F72，2 条大断裂 F71、F76，以及 5 条一般断层 F14、F15、F16、F17、F75 均有不同程度的显示和反映。其中 F75、F76 为重磁异常推断断层，引用 1:5 万重力成果报告分述如下。

1. 汀流河-乐亭-胡家坨断层（F76）

分布在 F71 以南，图幅内长约 25km，呈北西向展布。在汀流河镇附近与太行山-燕山山前区域断裂相交，使其北东部向北错动。

该断层在布格重力异常图上为一条北西走向十分明显的重力梯级带，梯级带宽 3km 左右，梯度变化在 $2\times10^{-5}\sim3\times10^{-5}$（m/s²）/km。在重力梯级带北东侧，布格重力异常极大值为 10.5×10^{-5}m/s²；南西侧布格重力异常极小值为 -20×10^{-5}m/s²，该梯级带明显为不同重力场的分界线。剩余重力异常平面图上表现为明显的重力梯级带，为不同重力场特征的分界线。重力垂向二次导数平面图上零值线呈北西向分布且与布格重力异常平面图上的重力梯级带相吻合。

上延 500m、1km、4km 的布格重力异常都表现为明显的重力梯级带，且上延高度越大，重力梯级带越向南西偏移，说明该断裂往南西方向倾斜，且延深较大。

在 45°方向水平一次导数异常平面图上，局部异常轴线与布格重力异常于面图的重力梯级带相吻合，且上延 500m、1km 和 4km 的 45°方向水平一次导数异常平面图上局部异常轴线与上延各高度布格重力异常以及垂向二次导数零值线、剩余重力异常梯级带相吻合，且上延高度越高异常轴线越向南东偏移，亦说明该断裂往南西方向倾斜，且延深较大。在 ΔT 航磁异常图上，断裂带附近表现为较为明显的北西走向的磁异常梯级带，断裂带两侧磁场特征明显不同，是不同磁场特征的分界线，断裂带北东侧为局部磁异常高值区，等值线密集，走向近东西向、北东向，断裂带南西侧整体表现为宏大且宽缓的近东西走向的磁异常区，局部磁异常舒缓。

2. 滦州-马城断层（F75）

分布在 F17 东，长约 18km，走向北北西，倾向南西西。布格重力异常与剩余重力异常为重力梯级带，45°方向水平一次导数重力异常特征明显，上延 500m、1km 的 45°方向水平一次导数重力异常轴线向南西偏移。航磁异常为磁异常变异带。

2.5.5　异常评序、优选及评价

司家营铁矿矿集区航磁异常大致可分为两类：第一类位于太行山-燕山山前区域断裂以北，经地质勘查工作证实均为沉积变质型铁矿床引起，20 世纪 50～80 年代初勘查深度在 600m 以浅，勘查工作程度多达到详查以上；2000 年至今多围绕已有矿产开展深部普查工作，勘查深度达到 1000～1500m，属于甲类异常。第二类为位于太行山-燕山山前区域断裂以南深覆盖区的低缓异常，与已知铁矿具有相似的物探特征，但未经钻探验证，具有一定的找矿意义，属于乙类异常（表 2-8）。

表 2-8　司家营铁矿矿集区航磁异常评价一览表

| 序号 | 航磁异常编号 | 位置 | 航磁异常特征 | | | 勘查程度 | 矿床规模 | 找矿前景 | 异常类别 |
			形态	面积/km²	ΔT极大值/nT				
1	冀 C-1959-139	滦州市古马镇	长轴近南北向、椭圆状	8.82	382	普查	中型	具备进一步找矿潜力	甲
	M8-10		近圆状		81				
2	M14-23	滦州市菱角山	近圆状	0.30	229	详查	小型	进一步找矿潜力较小	甲
3	M14-24	滦州市高官营村	近圆状	0.82	329	详查	中型	已"探边封底"	甲
4	M14-25	滦州市尹峪村—杜峪村	长轴北西向、椭圆状	0.65	-257	详查	中型	已"探边封底"	甲
5	冀 C-2010-1638	滦州市响嘡街道	长轴近南北向、葫芦状，北侧伴生明显负异常	3.66	2470	勘探	特大型	工程控制矿体范围深部仍具备重磁同源异常，进一步找矿潜力较大	甲
	M15-35				2615				
6	冀 C-2010-1640	滦州市常峪村	近圆状	1.19	1698	详查	大型	已"探边封底"，无进一步找矿潜力	甲
7	冀 C-2010-1639	昌黎县坎上村	东西向、葫芦状	1.80	870	详查	中型	进一步找矿潜力较小	甲
	M9-12		长轴近南北向、扁豆状	1.81	551				

续表

序号	航磁异常编号	位置	航磁异常特征			勘查程度	矿床规模	找矿前景	异常类别
			形态	面积/km²	ΔT极大值/nT				
8	M8-11	滦南县李夏庄村	长轴北东向、椭圆状	3.49	326	详查	中型	进一步找矿潜力较小	甲
9	冀C-1959-141	滦州市李兴庄村—滦南县大贾庄村	长轴近南北向、条带状，北侧伴生明显负异常	13.24	1889	勘探	特大型	已知矿体为重磁同源异常，矿体已被工程大致控制，进一步找矿潜力较小	甲
	冀C-2010-1643				1888				
	冀C-2010-1642				584				
	冀C-2010-1645				992				
	冀C-2010-1625				244				
10	冀C-2010-1641	滦南县马城镇	长轴近南北向、椭圆状	1.17	1315	勘探	特大型	重磁同源异常，进一步找矿潜力较大	甲
	冀C-2010-1644		长轴近南北向、葫芦状	16.86	3178				
	M9-13				6996				
11	冀C-1959-143	昌黎县闫庄村	长轴近南北向、椭圆状	4.17	1743	详查	中型	进一步找矿潜力较小	甲
12	冀C-2010-1647	滦南县长凝镇	东西向呈葫芦状	12.69	326	普查	大型	重磁同源异常，进一步找矿潜力较大	甲
	冀C-1959-142		长轴近南北向、东西向两个椭圆形异常呈眼镜状		831				
	冀C-2010-1646				708				
13	冀C-2010-1666	乐亭县鲁家坨村	长轴近南北向、倒葫芦状	5.86	208	普查	大型	埋深大，但具备一定进一步找矿潜力	甲
14	冀C-2010-1667		长轴东西向、椭圆状	5.50	203	未验证		推断为太古宇含铁建造引起，但位于区域断裂以南，覆盖较深	乙

2.6 区域矿产特征

区域内矿产资源丰富，包括能源矿产、金属矿产、非金属矿产等。能源矿产以煤矿为主，分布于图幅西北角的开平向斜；金属矿产以新太古代沉积变质型铁矿床为主，主要分布于司家营铁矿矿集区内，周边亦有零星分布；非金属矿产主要包括石灰岩、石英砂岩、耐火黏土等，其中石灰岩以制碱灰岩和水泥灰岩为主，石英砂岩包括水泥用石英砂岩和玻璃用石英砂岩，此外耐火黏土矿共、伴生铝土矿和铁矾土等矿产。

第3章 矿床地质特征

司家营铁矿矿区出露的地层较少，大部分被第四系松散层所覆盖，厚0~300m，具由北向南逐渐变厚的特征，下伏地层为新太古界滦县岩群阳山岩组，并广泛分布有中元古界长城系大红峪组、新元古界青白口系龙山组盖层（图3-1）。区内构造较为发育，褶皱构造与断裂构造均有发育。区内岩浆岩基本不发育，主要见规模不大、遍及全区的伟晶岩脉以及呈区段性分布的变质辉长辉绿岩脉。历史上为便于工作，以平青大公路附近的S6勘探线为界，将司家营铁矿分为南、北两区（崔伟等，2022a）。

图3-1 司家营铁矿地层分布

a.司家营铁矿整体分布；b.大红峪组与阳山岩组接触关系；c、d.大红峪组底砾岩

3.1　矿区地质特征

3.1.1　司家营铁矿北区

1. 矿区地层

矿区整体为第四系大面积覆盖，下伏基岩为新太古界滦县岩群阳山岩组变质岩，并广泛分布有中元古界长城系大红峪组、新元古界青白口系龙山组盖层（图3-2），地层由老至新分述如下。

1）滦县岩群阳山岩组（$Ar_3^2y.$）

为北区铁矿体赋存层位，由一套变质程度为角闪岩相的黑云斜长变粒岩夹磁（赤）铁石英岩建造组成，岩性以黑云斜长变粒岩、磁（赤）铁石英岩为主，夹绿泥石英片岩等，混合岩化作用强且普遍。变质岩类型及特征分述如下。

a. 变粒岩类

为主要含矿岩系，以黑云斜长变粒岩为主，是矿体的直接围岩和主要夹石。岩石呈灰绿色，斜长石、石英多呈他形粒状，粒度一般在 0.05～0.4mm，定向排列，夹杂于暗色矿物之间，角闪石主要呈半自形柱粒状，黑云母一般呈鳞片状。岩石为鳞片柱粒状变晶结构，似平行粒状或似片状构造。

矿物也往往沿平行片状矿物的延伸方向被拉长。局部具显微层理的变余砂状结构。矿物成分主要为酸性斜长石（45%～65%）、石英（5%～20%）、角闪石和黑云母（15%～30%），有时含少量白云母和钾长石。副矿物有磷灰石、磁铁矿、绿帘石、锆石、电气石等。

按长石种类和暗色矿物含量又可细分出黑云钾长变粒岩、黑云二长变粒岩、角闪黑云斜长变粒岩、黑云角闪斜长变粒岩、钾长浅粒岩等，与黑云变粒岩呈渐变过渡关系，为磁铁石英岩和黑云变粒岩中的夹层。

b. 片岩类

岩石呈黑绿色，纤维粒状或鳞片状变晶结构，片状构造。主要矿物成分为黑云母、绢云母、角闪石、长石、石英和绿泥石等。片状矿物含量＞25%。副矿物有磷灰石、磁铁矿、锆石等。根据矿物组合和含量变化，片岩类可分为绿泥石英片岩、绿泥角闪片岩、绿泥黑云角闪片岩等。此类岩石的形成主要与动力变质作用有关。

c. 磁铁石英岩类

为矿区主要矿石类型，矿石矿物主要为磁铁矿、少量赤铁矿、假象赤铁矿，少量黄铁矿、黄铜矿；脉石矿物以石英为主，其次为阳起石、透闪石、普通角闪石、辉石；此外蚀变矿物主要为绿泥石、碳酸盐矿物等。

d. 混合岩类

根据混合岩化由弱到强的顺序，基本上可分为混合质黑云变粒岩、片麻状混合岩、混合花岗岩。

混合质黑云变粒岩：主要分布于近矿顶、底板，呈灰白色、浅肉红色，多为中—细粒变晶结构，块状构造，由黑云变粒岩受轻微的混合岩化作用形成，表现为沿黑云变粒岩片理有长英质、花岗质呈条带或条痕状分布，局部可见稀疏分布的钾长石。基体部分仍保留原黑云变粒岩的鳞片状变晶结构。脉体一般少于 40%，主要由石英、斜长石和钾长石组成。

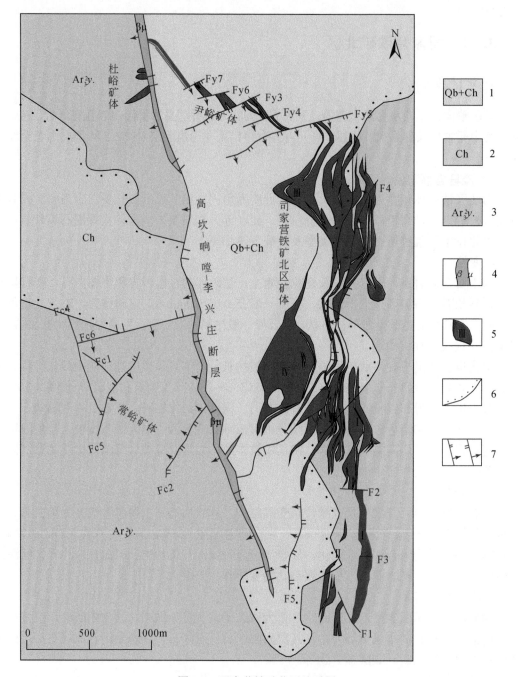

图 3-2　司家营铁矿北区地质图

1-青白口系、长城系未分；2-长城系；3-滦县岩群阳山岩组；4-变质辉长岩脉；5-铁矿体变质基底露头；6-角度不整合地质界线；7-正断层、逆断层

片麻状混合岩：呈面状形态，在矿区广泛分布，主要分布于黑云变粒岩之上。岩石呈

灰白色、浅肉红色，中粗粒花岗变晶结构，片麻状构造或微片麻状构造。片状矿物常呈定向排列，长石多杂乱分布，石英填隙状分布。钾长石多交代斜长石。矿物成分主要为斜长石（35%～65%）、钾长石（5%～25%）、石英（15%～20%）、角闪石和黑云母（15%～20%），副矿物有磁铁矿、磷灰石、锆石、榍石、电气石等。

片麻状混合岩薄片鉴定结果一般为变质花岗质类岩石，其结构构造、主要矿物及含量与区域出露的新太古代晚期花岗质变质深成岩基本一致，是否可从滦县岩群中解体而出，成为变质深成岩，需要进一步研究。

混合花岗岩：分布于黑云变粒岩中，岩石呈浅肉红—肉红色，中粗粒花岗变晶结构。岩石主要由斜长石、钾长石、石英等矿物组成，暗色矿物黑云母含量极少。

2）长城系大红峪组（Chd）

以角度不整合覆盖于太古宇变质岩之上（图 3-1b），走向北北东，倾向北西西，倾角一般为 10°～25°。自下而上主要为砂岩和含燧石条带白云岩。

砂岩：主要由石英砂岩、长石石英砂岩、含砾长石石英砂岩组成。岩石均为灰白色，砂状结构或砂砾状结构，中厚层状构造。主要由石英碎屑及少量长石碎屑组成。胶结物以白云质为主，其次为硅质。

含燧石条带白云岩：白云岩呈灰色、米黄色，微晶结构，薄层状构造，主要由白云石组成；燧石条带呈灰黑色、黑色，条带宽 1～3 cm，多呈扁豆状、团块状，少量呈规则条带状。

底部发育一套角砾岩（图 3-1c、d）：呈深灰色，砾状结构，整体呈层状构造产出，主要成分为石英砂岩，砾石磨圆较差，呈次圆—次棱角状，粒径大小不一，主要集中在 1～10 cm。

3）青白口系龙山组（Qbl）

与下伏长城系大红峪组平行不整合接触，自下而上主要由燧石角砾岩、灰白色石英砂岩与灰绿色页岩组成。

4）新生界第四系（Q）

覆盖工作区大部分区域，厚度为 5～100m，由北向南、由东向西逐渐加厚。自下而上主要由砾石、粉质黏土夹中细砂、粉砂质黏土和粉细砂层组成。

2. 矿区构造

司家营铁矿北区以高坎-响嘡-李兴庄断层为界，矿区东西两区构造形态明显不同。高坎-响嘡-李兴庄断层为矿区规模最大的压扭性逆断层，走向北北西，倾向南西西，倾角 80°～86°。根据 N18 线、N22 线、N26 线断层两侧钻孔揭露的大红峪组下界（不整合面）及两侧司家营铁矿北区矿体分布，断层垂直断距 220～300m；根据断层两侧的尹峪、杜峪矿体位置，断层水平断距 205m。断层中见变质辉长岩脉充填但不连续；N22 线 ZKN22-10 孔中见糜棱岩化带，N26 线 ZKN26-10 孔未见长城系大红峪组，均显示该断层的存在。勘查区构造分区描述如下。

1）高坎-响嘡-李兴庄断层以东

a. 褶皱构造

区域上褶皱虽颇为复杂，但由钻探工程证实，矿区含矿岩系总体呈走向近南北、西倾的单斜构造，沿走向北端翘起、向南西倾伏。以 Fy5 断层为界，以南为司家营铁矿北区，岩层总体走向近南北，倾向西，倾角 25°～40°；以北为尹峪矿体，总体走向北西，倾向南西。

司家营铁矿北区矿体在 N24～N18 线向下凹陷，两端向上翘起，过 N12 线又略下伏，总体表现为轴向近东西的舒缓向斜形态。各矿体内小型揉皱十分发育，表现出强烈的塑性变形特征。

b. 断层构造

断层构造较发育，主要有北东东向、北北东向、北北西向和近东西向四组断层，北东东向为张扭性正断层，对矿体破坏性较小；北北东向及北北西向为压扭性逆断层，对矿体破坏性较大；近东西向的多为张扭性横断层，时代多为长城纪之后的断层。

北东东向断层主要包括发育于北端（尹峪矿体）的 Fy3～Fy7 五条断层，其中 Fy5 断层为该组断层中规模较大的正断层，走向 64°，倾向南东，倾角 80°，倾斜断距 46～65m，水平断距 240m。

北北西向断层包括有高坎-响嘡-李兴庄断层和 F1 断层，高坎-响嘡-李兴庄断层前文已述，而 F1 断层错断了矿体走向。

近东西向断层包括 F2、F3 断层，规模较小，错断矿体走向。

北北东向断层有 F4、F5 两条断层，规模较大。其中 F4 断层分布于 N6～N30 线间，全长约 2700 余米，断层通过变粒岩时，形成明显的挤压破碎带，而通过矿体时，多形成构造角砾岩，F4 断层主要分布在Ⅲ号矿体中，其产状几乎和矿体产状一致，走向 15°～20°，倾向北西西，倾角 40°～55°。断层在平面上呈舒缓波状，为一压扭性逆断层，西盘沿走向向南东斜冲，导致Ⅲ号矿体厚度加大，长城系重复。断层水平断距 50～80m，倾斜断距 70～80m。F5 断层位于 F4 断层东南部，Ⅲ号矿体南端，Ⅱ号矿体西侧，沿走向控制长度约 700m，见于 S2～N4 线间的钻孔中，走向 5°～10°，倾向北西，倾角 45°左右，为一压扭性逆断层，倾斜断距 40～70m。

2）高坎-响嘡-李兴庄断层以西

该区域北部为杜峪铁矿，中部为司家营铁矿北区Ⅲ、Ⅳ矿体，南部为常峪铁矿。

a. 褶皱构造

杜峪铁矿含矿岩系为一单斜构造，走向近东西，倾向南，倾角 45°～60°。

常峪铁矿褶皱构造发育，形态复杂，共有两期。第一期褶皱形成时代为太古宙，由南向北为一向斜和一背斜，枢纽走向近东西，轴面直立；第二期褶皱为形态复杂的紧密倒转褶皱，走向近南北，轴面西倾。

b. 断层构造

杜峪铁矿范围较小，未见断层发育。

常峪铁矿断层构造较发育，有近东西向（或北东东向）、北北西向、北北东向三组断层。北北西向为 Fc1、Fc4 两条断层，北北东向为 Fc2、Fc5 两条断层，近东西向为 Fc6 逆断层。

3. 矿区岩浆岩

区内岩浆岩基本不发育，主要见规模不大、遍及全区的伟晶岩脉以及沿高坎-响嘡-李兴庄断层充填的变质辉长岩脉。

1）伟晶岩脉

区内伟晶岩脉分布普遍，侵入于混合岩、变粒岩及铁矿层中，一般顺层产出，呈脉状，少数呈透镜状。厚度一般为 2～5m。岩石呈肉红色或灰白色，伟晶结构，主要由钾长石、斜长石和石英组成，并含少量的黑云母和角闪石。伟晶岩属混合热液成因，在 N22 线见伟晶岩分布于Ⅳ矿体的顶板，部分穿插到矿体中，对矿体有轻微破坏作用。

2）变质辉长岩脉

岩石呈灰绿色，辉长结构，块状构造。主要矿物成分为斜长石和辉石，少量石英，极少量黄铁矿、黄铜矿、钛铁矿和磁铁矿。少量斜长石高岭土化明显，少量暗色矿物绢云母化、绿泥石化。主要沿高坎-响嘡-李兴庄断层裂隙贯入，呈岩墙产出，走向近南北。

3）其他岩脉

此外，矿区内尚有花岗岩、细晶岩、石英脉等，规模小、数量少，对矿体影响不大。

3.1.2　司家营铁矿南区

1. 矿区地层

矿区被第四系覆盖，下伏基岩为新太古界滦县岩群司家营组变质岩，在矿区 S6 线附近有中元古界长城系大红峪组盖层分布（图3-3）。

1）滦县岩群司家营组（Ar_2s）

为司家营铁矿南区铁矿体赋存层位，由一套变质程度为角闪岩相的变粒岩类和磁铁石英岩建造组成，岩性以黑云斜长变粒岩、磁（赤）铁石英岩为主，夹薄层斜长角闪岩、角闪斜长变粒岩、角闪绿泥片岩及云母石英岩等，混合岩化作用普遍。变质岩类型及特征分述如下。

a. 变粒岩类

以黑云斜长变粒岩为主，为主要含矿岩系，它是矿体的直接围岩和主要夹石。岩石呈灰黑色，风化后呈棕褐色、黄褐色，细粒鳞片花岗变晶结构，平行粒状或微片麻状构造。片状矿物常呈定向排列，长英矿物也往往平行片状矿物的延伸方向拉长。局部具显微层理的变余砂状结构。矿物成分主要为酸性斜长石（55%±）、石英（20%～30%）、角闪石和黑云母（15%～20%），有时含少量白云母和微斜长石。副矿物有磷灰石、磁铁矿、绿帘石、锆石、电气石等。

b. 片岩类

主要分布在南矿段的近矿顶板、夹石和构造带中。厚度一般几米或几十米。岩石黑绿色，纤维粒状或鳞片状变晶结构，片状构造。主要矿物成分为黑云母、绢云母、角闪石、长石、石英和绿帘石等。片状矿物含量>25%。副矿物有磷灰石、磁铁矿、锆石等。

根据矿物组合和含量变化，片岩类可分为角闪黑云片岩、角闪片岩、黑云（绢云）片岩、白云母片岩、二云母片岩、绢云绿泥片岩、角闪绿泥片岩等。此类岩石的形成主要与动力变质作用有关。

c. 云母石英岩类

主要分布在大贾庄矿段，南矿段少量出现。大贾庄矿段大 22 线以南除大 74 线外，各勘探线均可见。云母石英岩赋存在矿体中部或底板，但沿走向及倾斜连续性较差，多断续

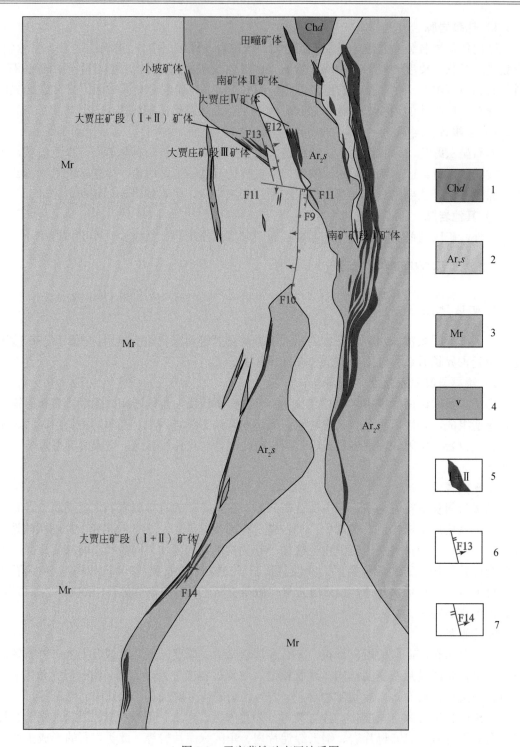

图 3-3　司家营铁矿南区地质图

1-长城系大红峪组；2-滦县群司家营组；3-混合岩；4-变质辉长辉绿岩；5-铁矿体变质基底露头；6-正断层；7-逆断层

分布。厚度不稳定，一般为 3～20m，最小 0.1m，最大 47.9m。岩石呈灰白色，鳞片粒状变晶结构，片状残余层状构造。矿物成分以石英为主，含量 75%～95%，云母占 5%～25%，白云母多于黑云母，长石含量很少，偶尔可达 5%，角闪石少量出现，镜下尚能见到锆石、金红石、白钛矿、磷灰石，局部地段含有黄铁矿。因其质地极坚硬，可钻性差，结合结构、颜色特征等易识别。云母石英岩可相变为绢云石英岩、黑云石英岩、石英岩、角闪石英岩等。

d. 斜长角闪岩类

此类岩石区内少见，规模较小，多呈残留体分布于片麻状混合岩中，少量呈夹层产于铁矿层中，与围岩界线清楚。在大贾庄矿段，斜长角闪岩厚度一般小于 2m，少量为 2～10m，最大为 16m。

岩石呈灰黑色、深黑绿色，中细粒，纤维粒状变晶结构，片麻状或弱片麻状构造。主要矿物成分为斜长石、角闪石及少量石英。角闪石呈柱状，定向排列，含量 45%左右，斜长石呈粒状，含量 50%左右。

e. 磁铁石英岩类

磁铁石英岩矿石矿物主要为磁铁矿，少量赤铁矿、假象赤铁矿、磁赤铁矿、黄铁矿、菱铁矿，偶见黄铜矿、辉铜矿等。矿石中磁铁矿含量一般为 40%左右，个别高达 70%以上（富矿）；赤铁矿含量一般为 3%～5%。

f. 混合岩类

根据混合岩化强弱和外来成分的不同，基本上可分为混合质变粒岩、条带状混合岩、片麻状混合岩和混合花岗岩。以片麻状混合岩为主，混合质变粒岩、条带状混合岩和混合花岗岩，规模较小，分布于片麻状混合岩、黑云斜长变粒岩中，少量呈夹层产于铁矿层中。混合岩化作用总的趋势是东弱西强、北弱南强。

片麻状混合岩，主要分布在大贾庄矿段各矿体的顶板及其以西地段，南矿段Ⅰ矿体顶板亦较为广泛分布。岩石呈灰白色、浅肉红色，中粗粒花岗变晶结构，片麻状构造或微片麻状构造。片状矿物常呈定向排列，长石多杂乱分布，石英填隙状分布。钾长石多交代斜长石。矿物成分主要为斜长石（35%～65%）、钾长石（5%～25%）、石英（15%～20%）、角闪石和黑云母（15%～20%），副矿物有磁铁矿、磷灰石、锆石、榍石、褐帘石等。另外，片麻状混合岩在接近矿体顶板处，呈现矿物结构相对变细（中粒—中细粒结构），片麻状构造更加明显，角闪石和黑云母含量相对增高，达 25%～35%，该变化段一般厚 3～20m。

2）长城系大红峪组（Chd）

分布范围小，仅分布于 S6 勘探线及其附近，厚度百余米，地层特征与北区基本一致，岩性包括燧石岩、石英砂岩、白云岩等。

3）新生界第四系（Q）

覆盖全区，厚度一般为 80～300m，由北至南逐渐加厚。主要由砾石、黏土、砂质呈互层状。大贾庄矿段大 58 线以南埋深 165m 以下见半固结的含砾粗砂夹薄层含砂黏土，颜色有浅灰蓝色和砖红色两种。

2. 矿区构造

1）褶皱构造

南区含矿岩系总体呈走向近南北向、西倾（倾角 30°～50°）的单斜构造，同时矿体仍有从北北西向—南北向—北北东向—北北西向的舒缓波状变化,且沿倾向呈平缓向、背形。

2)断层构造

司家营铁矿南区南矿段未见断层,大贾庄矿段大0~大20线、大54线矿体矿头部位断层构造较发育,共见6条断层,编号F9~F14。按走向分为北北西向、北北东向、南东东向三组断层。

北北西向断层包括F12、F13,分布于大0~大7线,F12延长约900m,F13延长约600m。两条断层平行延伸,向东倾,倾角70°~80°。断层性质为压扭性正断层,错断了大(Ⅰ+Ⅱ)矿体上部并使之分为三段。F13垂直断距约20m,F12垂直断距122~255m。

北北东向断层有F9、F10、F14,F9和F10分布于大7~大20线,两条断层平行延伸,西倾。F9断层延伸长约250m,倾角80°,为正断层,垂直断距约70m。F10断层延伸长约1200m,倾角63°~72°,为逆断层,垂直断距50~140m,错断了大(Ⅰ+Ⅱ)矿体的矿头。F14分布于大54线,单孔控制,延伸长约400m,东倾,倾角82°,为逆断层,垂直断距约30m,错断了大(Ⅰ+Ⅱ)矿体的矿头。

南东东向断层:生成时代晚于北北西和北北东走向的两组断层,并对其造成破坏。仅F11分布于大7线,延伸长约700m,推断南倾,倾角74°,为垂直矿体走向正断层,使其上盘大(Ⅰ+Ⅱ)矿体的矿头沿走向下落,垂直断距25~50m。

3. 矿区岩浆岩

区内岩浆岩不甚发育,据钻探工程揭露,未见有规模较大的侵入岩体,主要见规模不大、遍及全区的伟晶岩脉和呈区段性分布的变质辉长辉绿岩脉。

1)伟晶岩脉

根据伟晶岩颜色的不同及矿物成分的差异可分为两种。

(1)灰白—白色伟晶岩:具伟晶结构,块状构造,主要由钠质微斜长石、石英及少量云母、绿泥石、碳酸盐矿物及磷灰石等组成。多分布于矿层顶底板的黑云变粒岩及矿层中。

(2)肉红色—浅肉红色伟晶岩:具伟晶结构,块状构造,矿物成分中钾质微斜长石的含量明显增加,其他矿物成分与前者一致。该岩脉广泛分布于各种岩(矿)层中,相比之下,矿层中以红色伟晶岩为主,且见到肉红—浅肉红色伟晶岩穿插灰白—白色伟晶岩的现象。

两种伟晶岩均属混合热液成因,对矿体有轻微破坏作用。

2)变质辉长辉绿岩脉

岩石呈黑绿色,变斑状或变余辉长(辉绿)结构,块状构造。主要矿物成分为基性斜长石和角闪石,蚀变矿物主要为绿泥石、绿帘石和钠长石。变质辉绿岩是辉长岩的边缘相或浅成相,它们有相互过渡的关系。主要分布于司家营铁矿南区南矿段以及大贾庄矿段,岩脉规模较大,走向近南北,陡倾斜,呈岩墙产出,沿张性裂隙贯入,切穿矿体,但岩脉两侧矿体没有明显位移。

3)其他岩脉

此外区内尚有橄榄玄武玢岩、煌斑岩、花岗玢岩、石英脉等,规模小,数量少,对矿体影响不大。

3.2　矿区地球物理特征

3.2.1　岩（矿）石磁性与密度

以往司家营铁矿区内所开展的岩（矿）石磁参数与密度测定结果见表 3-1 和表 3-2。

表 3-1　司家营铁矿岩（矿）石磁参数测定统计表

岩矿石名称	块数	磁化率 K/（$10^{-6}4\pi$SI）		剩余磁化强度 Jr/（10^{-3}A/m）		备注
		均值	常见值	均值	常见值	
磁铁石英岩	357		$3\times10^4\sim1.5\times10^5$		$5\times10^3\sim4\times10^4$	
含磁铁石英岩	13	2.1×10^5	$1\times10^4\sim8\times10^4$	5900	$6\times10^3\sim2\times10^4$	
赤铁石英岩	19		$0\sim3\times10^4$		$0\sim3000$	
地表赤铁石英岩	35		$0\sim10\times10^4$		$0\sim5\times10^4$	
片麻状混合岩	243		$0\sim500$		$0\sim200$	
黑云变粒岩	219	0	$0\sim100$	0	$0\sim100$	
蚀变黑云变粒岩	77	0		0		0 值的 74 块
混合岩化黑云变粒岩	13	0		0		0 值的 10 块
花岗质混合岩	84	0		0		0 值的 79 块
伟晶岩	79	0		0		0 值的 76 块
石英岩	43	0		0		0 值的 41 块
混合岩	40	0		0		0 值的 36 块
含榍石片麻状混合岩	24	4500	$3000\sim7000$	400	$500\sim1000$	0 值的 3 块
变质辉长岩	7	0		0		
黑云斜长片麻岩	22	0		0		
辉长辉绿岩	13		$100\sim300$		$100\sim200$	

表 3-2　司家营铁矿岩（矿）石密度测定统计表

岩矿石名称	块数	密度 σ/（g/cm^3）				备注
		均值	常见值	极大值	极小值	
磁铁石英岩	357	3.44	$3.30\sim3.60$	4.28	2.74	
含磁铁石英岩	13	2.90	$2.80\sim3.00$	3.34	2.67	
赤铁石英岩	19	3.20	$2.90\sim3.30$	3.50	2.87	
地表赤铁石英岩	35	3.09	$3.00\sim3.40$	3.43	2.34	
片麻状混合岩	243	2.70	$2.66\sim2.78$	2.99	2.41	
黑云变粒岩	219	2.78	$2.70\sim2.75$	3.04	2.59	
蚀变黑云变粒岩	77	2.69	$2.68\sim2.72$	2.76	2.62	
混合岩化黑云变粒岩	13	2.70		2.86	2.65	
花岗质混合岩	84	2.67	$2.61\sim2.68$	2.78	2.57	
伟晶岩	79	2.62	$2.56\sim2.65$	2.73	2.53	
石英岩	43	2.67	$2.61\sim2.70$	2.77	2.52	

续表

岩矿石名称	块数	密度 σ/（g/cm³）				备注
		均值	常见值	极大值	极小值	
混合岩	40	2.70	2.66～2.75	2.84	2.50	
黑云斜长片麻岩	22	2.78	2.70～2.80	3.05	2.70	
白云质灰岩	22	2.79	2.71～2.85	2.87	2.71	
含榍石片麻状混合岩	24	2.76		2.80	2.49	
变质辉长岩	7	2.98		2.99	2.97	
泥岩	2	2.09				
辉长辉绿岩	13	2.96		3.06	2.84	

本区矿石自然类型主要为磁铁石英岩。由表 3-1 可见，磁铁石英岩磁化率高达（3×10^{-2}～1.5×10^{-1}）4πSI，而围岩（包括脉岩）仅具有微磁或不具有磁性。故本区铁矿与围岩之间有极为明显的磁性差异。另据在矿体露头采集的 66 块定向标本，本区矿石常见的剩磁垂直分量仅为感磁垂直分量的 0～10%，矿石剩磁强度的方向与矿体走向一致。

由表 3-2 可以看出，磁铁石英岩与围岩之间一般有 0.6 g/cm³ 左右的密度差。故矿石与围岩之间有着较明显的密度差异。

3.2.2　司家营铁矿北区

1. 地磁异常

本区矿石常见的剩磁垂直分量仅为感磁垂直分量的 0～10%，矿石剩磁强度的方向与矿体走向一致，说明当初矿体受地磁场的感应而磁化的方向是平行矿体走向的，这个现象与消磁作用的结论是一致的。以此推理：当矿体向下延深很大时，感磁方向将与矿体层面平行，即顺层磁化；当矿体向下延深不大时，矿体的磁化方向将与层面有一夹角，此时将出现负值。因此根据地磁异常有无负值出现，以及负值强弱等特征，可以定性地判断矿体向下延深大小。

本区地磁异常以条带状近南北向分布（图 3-4），在 N26 及 N10 线附近由于矿体出露地表，分别出现 9000 nT 和 12000 nT 的峰值。N6 线以北地磁异常东侧负值微弱，西侧无明显负值，推断矿带向下延深较大；但 N26 线以北，地磁异常两侧出现负值，说明矿带向北延深逐渐变小。N6 线以南至 S6 线，地磁异常两侧负值明显，判断矿带向下延深不大。上述推断，与历次勘查验证结果基本是一致的。

2. 重力异常

依据 1∶5 万重力调查成果，本区剩余重力异常（3km×3km 窗口）大致以带状呈北北西向展布（图 3-4），与铁矿体分布对应，为磁（赤）铁石英岩引起。该剩余重力异常图较好地反映了 N4 线附近矿体沿倾斜方向的明显收缩，且与地磁异常对应；N14 线附近的收缩与地磁异常在该处存在哑铃型负异常对应，推断在该范围存在无矿区；但 N30 线附近较完整的重力异常与地磁异常在该处存在负异常不对应。

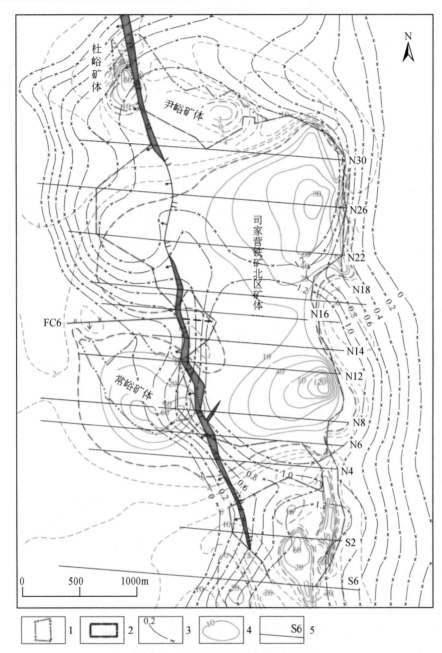

图 3-4　司家营铁矿北区重磁异常图

1-周边矿体水平投影范围；2-北区以往勘查控制矿体水平投影范围；3-重力异常等值线及数值（10^{-5}m/s^2）；4-地磁异常等值线及数值（10^2nT）；5-勘探线及编号

3.2.3　司家营铁矿南区

1. 地磁异常

1）地磁异常平面特征

矿区内的磁异常主体表现为两高夹一低的异常特征（图 3-5），正异常主要呈条带状分布于大贾庄矿段和南矿段附近,两个正异常当中夹有一个负异常带,在大贾庄矿段北端的北侧,见有两个规模较小的局部异常,所有异常均与本区铁矿体有关,磁异常等值线的展布方向或其长轴延伸方向与铁矿床中矿体的延伸方向完全一致,是磁异常对区内磁铁石英岩的直接反映。磁异常以正异常为主,正异常的强度高、梯度大,异常高值区基本与铁矿矿头地表投影位置相吻合;与正异常相伴而生的负异常在大贾庄矿段的西侧表现为宽缓变化的特点,在大贾庄矿段和南矿段之间则表现为条带状分布的特征。

2)地磁异常推断解释

2010 年开展的司家营铁矿南区地质-地球物理特征研究工作分别对大 30、大 50、大 62 线 ΔT 磁异常剖面进行了化极和向上延拓处理。3 条剖面 ΔT 异常化极后磁异常中心分别沿剖面向南东东偏移 120m、120m、160m,磁异常峰值分别由原来的 1587nT、1996nT、1461nT 降低到 1262nT、1461nT、1272nT,说明该地区磁测异常存在一定的斜磁化现象,但近于顺层磁化。3 条剖面 ΔZ 磁异常随着向上延拓高度的增大,最大值呈递减趋势,每百米磁异常梯度变化减小并且有慢慢趋于零的走势;经采用磁场空间分布法计算,衰减次方 $n \approx 1$,由此推断磁性体地球物理模型为无限延伸薄板。

通过化极处理得到该地区磁性体存在一定的斜磁化现象,但近于顺层磁化;通过向上延拓推测地下磁性体的地球物理模型为无限延伸薄板。这一结论与以往工作测定本区矿石剩磁强度的方向与矿体走向一致得出的"当初矿体受地磁场的感应而磁化的方向是平行矿体走向的,当矿体向下延深很大时,感磁方向将与矿体层面平行,即顺层磁化;当矿体向下延深不大时,矿体的磁化方向将与层面有一夹角,此时将出现负值"的结论基本一致。故推断:矿体延深侧无负异常,矿体延深较大;矿体延深侧有负异常亦应引起注意,为厚大矿体突然尖灭引起,其尖灭边界大致在负极值附近。

上述推断,与历次勘查验证结果基本是一致的。大贾庄矿段大 22~大 54 线深部无负异常,矿体厚度虽较薄,一般为 10~35m,但沿倾斜延深达到 1500~2200m;大贾庄矿段 S22~大 22 线正负异常相伴,且深部负异常规模较大,矿体沿倾斜大概延深至负异常极值附近,矿体厚度一般为 40~90m,沿倾向呈现上略薄下略厚、突然尖灭的特征;南矿段深部分布有条带状负异常,矿体沿倾向一般呈厚大矿体突然分支尖灭的特征。

2. 重力异常

该区的重力异常分为东、中、西三个(图 3-5),长轴方向均呈近南北向。

东部重力异常分布在 S9~S66 线间,与南矿段铁矿体引起的地磁异常对应,亦与该矿段矿体基岩面露头地表投影相吻合,该重力异常为铁矿体引起。

中部重力异常主要分布在大 2~大 42 线间,相对大贾庄矿段铁矿体引起的地磁异常峰值西移。大贾庄矿段(Ⅰ+Ⅱ)矿体沿倾斜变化趋势一般为薄—厚—薄或分支,重力异常大致与大贾庄矿段(Ⅰ+Ⅱ)矿体-800m 水平切面位置对应,对应位置矿体普遍具有变厚或品位变富的特点。该重力异常为铁矿体引起。

西部重力异常主要分布在大 22~大 50 线间,无地磁异常对应,但亦非地磁负异常区。该重力异常峰值区,只在大 38 线深部有一个编号为 ZK686 的探矿孔,根据 ZK686 及其前排孔见矿情况,大 38 线深部矿体倾角由 41°变缓为 25°,矿体厚度由 26.98m 增加到 49.74m,且在钻孔底部见 9.54m 品位较高的阳起磁铁岩,深部矿体厚度、品位均高于浅部。在第四

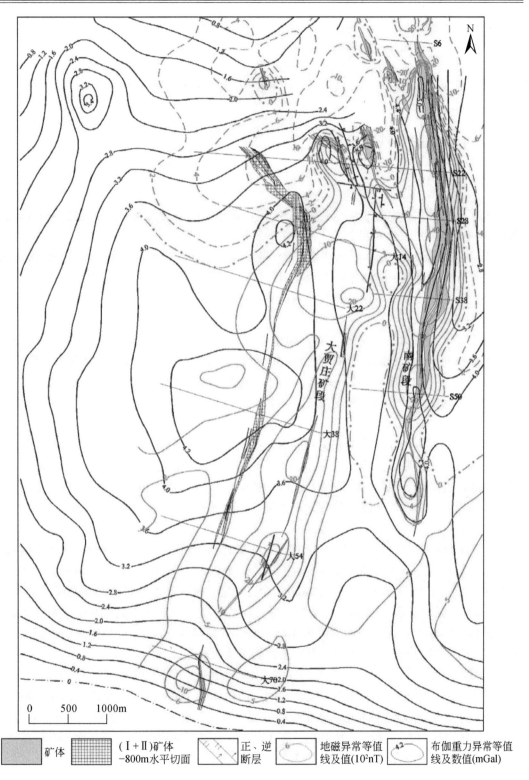

图 3-5　司家营铁矿南区重磁异常图

系厚度、围岩岩性均一致的情况下，据此推断西部重力异常为矿体在深部变厚、品位变富引起，推断矿体尾部亦可能翘起。

3.3　矿体地质特征

3.3.1　司家营铁矿北区

1. 矿体特征

司家营铁矿北区南起平青乐公路的 S6 线，北至岩山南侧的 N34 线，全长 4km，最大宽度 2km。全区共划分为四个矿体，由东向西依次编为Ⅰ、Ⅱ、Ⅲ、Ⅳ矿体（图 3-2），其中以Ⅲ矿体规模最大，为本矿区的主矿体。各矿体均由多层矿组成，实际划分为四个矿带。矿体呈平行带状排列，矿体走向近南北向，倾向西向，矿体倾角一般上陡下缓，25°～50°，高坎-响嘡-李兴庄断层以西又变陡。各矿体分述如下。

1）Ⅰ矿体

位于矿区南东侧，北起 N16 线，向南延入司家营铁矿南区，在 S4～N10 线间出露地表。矿体在北区长 2150m，分布标高 96.30～340m；最大厚度 113m（N10 线），最小厚度 5m（S3 线），平均厚度 46 m。矿体沿走向 0 线和 N10 线为膨胀部位，S4 线和 N4 线为收缩部位，沿倾向上厚下薄，分支尖灭。

2）Ⅱ矿体

位于Ⅰ矿体西 150 m 左右，分布于 S4～N4 线间，仅在局部地段有露头，绝大部分隐伏于第四系或长城系大红峪组之下。矿体长约 900 m，分布标高 60～558 m，沿倾向最大延深 910 m（S2 线）；矿体厚度一般为 30～60 m，最大厚度 80 m（S2 线）。矿体形态呈扁豆状或纺锤状，厚度、延深变化较大，沿倾向向深部变薄，尖灭趋势明显。

3）Ⅲ矿体

位于矿区中部及北部，N4～N34 线间，Ⅰ矿体西 50 m 左右，大部分隐伏于第四系或长城系大红峪组之下，局部出露地表。矿体长约 2800m，分布标高 57～1288m，矿体沿倾斜延深一般为 1000～1600m，最大 2400m（N26 线），N18 线以北矿体沿倾向延深至高坎-响嘡-李兴庄断层以西（图 3-6），N12～N8 线延深至高坎-响嘡-李兴庄断层，断层上盘为常峪矿体（图 3-7）；矿体一般厚度为 100～200m，最厚达 300m。矿体由多层矿组成，夹有多层厚度不等的夹石，沿走向倾斜有膨胀和分支复合现象。

4）Ⅳ矿体

位于工作区中部的 N6 线北～N26 线间，Ⅲ矿体西 150m 左右，全部隐伏于长城系大红峪组之下。矿体长约 1840m，分布标高 -725～-11m，延深一般为 300～500m，厚 20～40m。矿体沿倾向不连续，一般尖灭于高坎-响嘡-李兴庄断层以东，但高坎-响嘡-李兴庄断层北部两侧存在多处尖灭再现（图 3-2）。

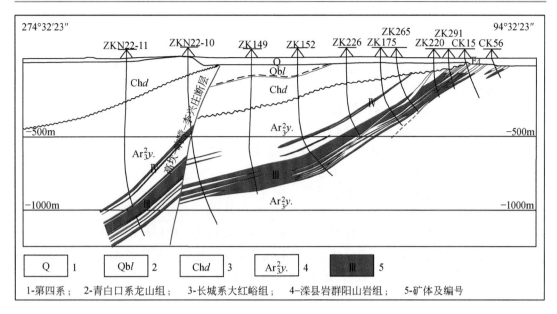

图 3-6　N22 勘探线剖面图

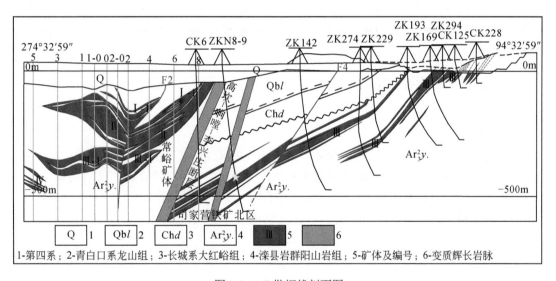

图 3-7　N8 勘探线剖面图

2. 矿体（层）围岩和夹石

1）矿体围岩

北区的矿体围岩主要包括变粒岩类、混合岩类以及少量片岩类。详细特征分述如下。

a. 变粒岩类

黑云斜长变粒岩为区内主要含矿岩系，是本区各矿体的主要近矿围岩和夹石，多受轻微的混合岩化作用。产状与矿体一致。

b. 片岩类

绿泥石英片岩在区内零星分布，主要为矿体的顶板或夹石，厚度薄，沿走向和倾斜连续性差，呈薄层状和透镜状。产状与矿体一致。

c. 混合岩类

以片麻状混合岩、混合花岗岩为主，主要分布于矿体顶板黑云斜长变粒岩之上。

2）夹石

矿体夹石以变粒岩类、含磁铁石英岩、石英片岩和混合岩类为主。除含磁铁石英岩外，其他岩性与矿体界线清晰，易于识别。

区内厚大矿体一般由多个矿层组合而成，磁铁石英岩与夹层呈互层状。但矿层间夹层厚度薄且不稳定，沿倾向和走向多不连续。

将本区主矿体的夹石叙述如下。

a. Ⅱ矿体

夹石为 1~3 层，厚度一般为 3~8m。夹石分布规律为矿尾层数增多且厚度增大。岩性以混合岩、含磁铁石英岩、角砾状含赤铁石英岩为主，黑云斜长变粒岩次之。按勘探线统计，夹石率最小 12.48%（0 线），最大 68.06%（S2 线）。矿体平均夹石率为 40.27%。

b. Ⅲ矿体

夹石为 3~9 层，厚度一般为 20~40m，最厚达 50.22m。岩性以变粒岩类和含磁铁石英岩为主，片岩和混合岩次之。夹石分布沿走向和倾向常见分支尖灭现象。按勘探线统计，夹石率一般为 24.65%~40.31%，最小 11.82%（N26 线），最大 50.96%（N22 线）。该矿体平均夹石率为 31.53%。

3.3.2　司家营铁矿南区

1. 矿体特征

司家营铁矿南区由南矿段和大贾庄矿段组成，矿区南北长 8.5km，东西宽 1~3.5km。区内共分布 7 个矿体，其中南矿段有 2 个矿体，大贾庄矿段有 3 个矿体，还有田疃、小坡 2 个小矿体（图 3-3）。其中 I 矿体和大贾庄矿段（Ⅰ+Ⅱ）为主矿体。

1）南矿段

a. Ⅰ矿体

位于矿区东侧，是北区 I 矿体的南延，分布在 S6~S70 线间。矿体走向长 6200m，埋深一般为 50~120m，分布标高-816m~+20m，厚度一般为 30~120m。矿体走向近南北向，倾向西向，倾角 40°~50°。矿体埋深最小 2m，最大 160m，一般埋深为 50~120m（标高 -100~-30m），呈北浅南深。矿体由北向南矿尾赋存标高总体是北部深、南部浅（图 3-8）。

矿体延深、厚度以 S38 线为界，南北差异较大；S38 线以北矿体沿倾向延深大（特别是 S16~S30），一般延深在 600m 以上，最大为 1100m（S22 线），矿体厚度一般为 80~120m，最大厚度 185m（S20 线）；S38 线以南一般延深在 600m 以下，最小 120m（S54 线），矿体厚度为 30~70m，最薄 10m（S42 线）。

矿体形态呈层状和似层状，沿走向和倾向均有分支复合现象，矿尾多分支尖灭，临近尖灭时夹层增多，矿石品位降低，出现薄层磁铁石英岩、变粒岩和少量绿泥石化黑云角闪片岩构成的韵律层，矿体产状较稳定，总体走向呈近南北展布，但仍有区段性变化，由北向南走向变化为：北北西（S6~S22）—南北（S22~S38）—北北东（S38~S54）—北北西（S54～S66）。

b. II 矿体

位于 I 矿体北部西侧，亦是北区 II 矿体的南延，断续分布在 S6～S25 线间。矿体走向长 1900m，分布标高-350～-20m，厚度一般为 20～70m，延深较短，一般不超过 200m。矿体形态不规则，矿体产状、埋深与 I 矿体基本一致，但倾角略缓，为 30°～40°。

2）大贾庄矿段

a.（I＋II）矿体

位于矿区西侧，南矿段矿体上部，与之大致平行延伸。北部与南矿段矿体平面上部分重叠，距南矿段 I 矿体最近垂距 160m 左右；向南过大 26 线后距离逐渐增大（图 3-8）。该矿体为大贾庄矿段最大矿体。矿体分布在大 2～大 74 线，走向断续延长 7150m，在大 66 线处中断，埋深一般为 50～250m，分布标高-1665～-30m，延深一般为 1500～2200m，厚度一般为 10～90m。矿体总体走向近南北向，倾向西向，倾角 20°～50°。矿体被第四系覆盖，大 24 线以北矿体仅在大 2 线附近的基岩面上出露，其余均隐伏在变粒岩中，埋深变化较大，一般为 50～400m（标高-380～-30m）。

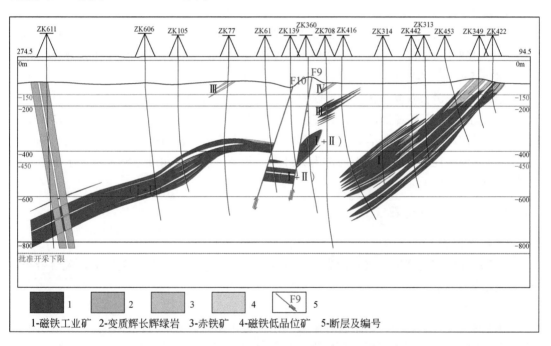

图 3-8　司家营铁矿南区南矿段、大贾庄矿段 S26 勘探线剖面图

矿体形态呈层状或似层状，沿走向和倾向均有分支复合现象。矿体产状较稳定，总体呈近南北向展布，西倾，但仍有区段性变化。由北向南走向变化为北西（大 2～大 12）—北东（大 12～大 22）—北北东（大 22～大 62）—近南北（大 70～大 74），总体为一长柄勺形（图 3-8）。倾角总体变化趋势沿倾斜上陡下缓，但由于受挤压应力作用，局部呈波浪状，大 7 线以北矿体倾角由浅至深由 5°逐渐变为 25°；大 7～大 14 线的浅部矿体近于平卧，倾角 5°～10°，中部变陡为 25°～30°，深部又变缓为 0°～20°。

b. Ⅲ、Ⅳ矿体

矿体规模较小，后期被 F9～F13 共 5 条断层破坏，形态复杂，呈透镜状，沿走向、倾向连续性较差，延深不大。

Ⅲ矿体位于（Ⅰ+Ⅱ）矿体北部西侧，分布在大 2～S30 线间、S34 线。矿体断续走向长 1600m，埋深一般为 60～140m，分布标高 -325～-40m，延深一般为 100～200m，厚度一般为 15～25m。矿体产状较稳定，走向北西向，倾向南西向，倾角 30°～40°。

Ⅳ号矿体由于受 F12、F13 断层影响，落到（Ⅰ+Ⅱ）矿体北部东侧，分布在大 0～S26 线间。矿体走向长 1000m，埋深 75～115m，分布标高 -255～-55m，延深一般为 70～210m，厚度一般为 20～70m。矿体产状较稳定，走向北北西向，倾向西向，倾角 40° 左右（图 3-8）。

3）田疃、小坡小矿体

a. 田疃矿体

矿体位于南矿段Ⅱ矿体西侧北部，分布在 S7-1～S7-2 线间。矿体走向长 420m，分布标高 -156～-40m，延深 160m 左右，厚度 24～64m。矿体走向北北西向，倾向西向，倾角 38°～42°。矿体形态呈似层状。

b. 小坡矿体

矿体位于大贾庄矿段Ⅲ矿体西侧北部，分布在大 N6～大 N2 线间。矿体走向长 550m，分布标高 -368～-120m，延深 100～386m，厚度 4～42m。矿体走向北北西向，倾向西向，倾角 38°～53°。矿体形态呈似层状。

总体而言，司家营铁矿矿体主要赋存层位为滦县岩群阳山岩组（$Ar_3^2y.$）、滦县岩群司家营组（Ar_3^2s），野外观察可见矿体底板主要发育变粒岩（图 3-9a、b），以黑云斜长变粒岩为主，局部可见绿泥变粒岩，变粒岩间夹有赤铁石英岩，部分变粒岩受铁矿石影响，呈红色且具有弱磁性；而矿体顶板通常为大红峪组石英砂岩，以角度不整合覆盖于太古宇变质岩之上（图 3-9c）。

2. 矿体围岩和夹石

1）矿体围岩

司家营铁矿南区围岩主要有四类，即变粒岩类、片岩类、云母石英岩类、混合岩类。详细特征分述如下。

a. 变粒岩类

为区内主要含矿岩系，是本区各矿体的主要近矿围岩和夹石（图 3-10a）。大贾庄矿段变粒岩是矿体主要夹石和底板，顶板也有少量分布。产状与矿体一致。

b. 片岩类

在区内零星分布，主要为矿体的夹石或近矿围岩，以绿泥片岩为主，厚度薄，沿走向和倾向连续性差，呈薄层状和透镜状（图 3-10b）。产状与矿体一致。

c. 云母石英岩类

主要断续分布在大贾庄矿段（Ⅰ+Ⅱ）矿体中部或底板。产状与矿体一致。

d. 混合岩类

区内分布较为广泛，主要见于大贾庄矿段矿体上部，南矿段局部出现。大贾庄矿段片麻状混合岩多为矿体直接顶板，少量与矿体顶板间夹 2～8m 的黑云变粒岩。

图 3-9　司家营铁矿矿体围岩接触特征

a. 矿体底板；b. 矿体底板变粒岩；c. 矿体顶板大红峪组接触界线

图 3-10　司家营铁矿矿体围岩特征

a. 钾长变粒岩夹层；b. 绿泥片岩

2）夹石

矿体夹石以变粒岩类、含磁铁石英岩、云母石英岩和混合岩类为主，少量片岩。除含磁铁石英岩外，其他岩性与矿体界线清晰，易于识别。

区内厚大矿体一般由多层矿层组合而成，磁铁石英岩与夹层呈互层状。但矿层间夹层厚度薄且不稳定，沿倾斜和走向多不连续。

本区两个主矿体的夹石叙述如下。

a.南矿段 I 矿体

夹石最多达 11 层，一般为 4~7 层，厚度一般为 2~10m，以 2~6m 占多数。夹石岩性主要为变粒岩类和含磁铁石英岩，其次为混合岩、伟晶岩和变质基性岩脉等（图 3-11）。夹石分布规律是矿尾层数增多且厚度增大。按勘探线统计，夹石率一般为 16.92%~32.66%，最小 8.70%（S54 线），最大 50.50%（S66 线）。矿体平均夹石率为 23.53%。

图 3-11 司家营铁矿床矿体围岩、夹层特征

a.混合岩化夹石带；b.伟晶岩脉；c.石英脉、方解石脉

b.大贾庄矿段（I+II）矿体

夹石最多达到 9 层，一般为 2~4 层，厚度一般为 3~10m。岩性以变粒岩类和含磁铁石英岩为主，云母石英岩和混合岩次之。夹石分布规律是大 10 线以北多于以南，深部多于浅部，沿走向和倾向常见分支尖灭现象。按勘探线统计，夹石率一般为 19.97%~40.66%，最小 14.60%（大 24 线），最大 59.18%（大 50 线）。该矿体平均夹石率为 31.53%。

3.4 矿石特征

3.4.1 矿石类型

司家营铁矿北区、南区矿石类型基本一致，按照矿石矿物种类区分，矿石自然类型包括磁铁石英岩，少量赤铁石英岩，此外北区还包括极少量绿泥石磁铁岩，南区还包括极少量阳起石磁铁岩。磁铁石英岩为矿区主要矿石类型，遍布于整个矿区。赤铁石英岩约占累计查明资源储量的 10%，主要分布于浅部的氧化带中（-100m 标高以上），多呈顶盖状或漏斗状，与磁铁矿石的界线总体近水平，但具体部位均凹凸不平呈锯齿状，此外，在深部断裂带附近亦有零星分布。绿泥石磁铁岩与阳起石磁铁岩通常在富矿体围岩蚀变发育较明显的区域见有少量分布。矿石特征分述如下。

（1）磁铁石英岩（图 3-12）：矿石风化面呈浅灰色，新鲜面一般呈深灰—灰黑色，具鳞片状变晶结构、粒状变晶结构,片状构造、条带状构造、块状构造,主要由石英（50%～70%）、磁铁矿（20%～40%），以及极少量的斜长石、方解石、阳起石、黑云母、绿泥石等矿物（5%±）组成。石英多呈无色透明他形-半自形粒状,磁铁矿呈黑色他形粒状,石英和磁铁矿的集合体分别组成硅质条带以及铁质条带。

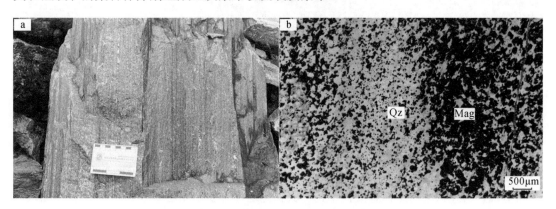

图 3-12 司家营铁矿床磁铁石英岩野外及镜下照片

a. 野外照片；b. 镜下照片。Qz-石英；Mag-磁铁矿

（2）赤铁石英岩（图 3-13）：矿石风化面呈黄褐色,新鲜面多呈赤红色,具粒状变晶结构、鳞片状变晶结构,条带状构造、块状构造,主要由石英（35%～55%）、赤铁矿（20%～40%）、少量的磁铁矿（5%～10%）以及极少量的角闪石、方解石、阳起石、黑云母、绿泥石等矿物（5%±）组成。赤铁矿呈不规则晶粒状或片状,多呈集合体出现,有时呈放射状、蠕虫状,沿磁铁矿边部或缝隙呈浸染状交代磁铁矿产出。

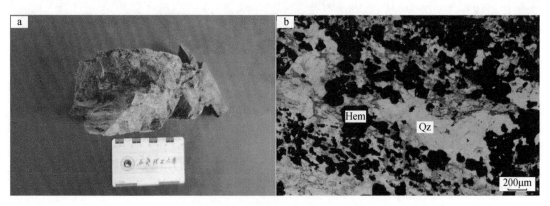

图 3-13 司家营铁矿床赤铁石英岩野外及镜下照片

a. 野外照片；b. 镜下照片。Hem-赤铁矿

（3）绿泥石磁铁岩（图 3-14）：矿石风化面呈浅灰色,新鲜面呈深灰—灰黑色,具粒状变晶结构、交代结构,块状构造,主要由绿泥石（25%～35%）、磁铁矿（30%～50%）、石英（5%～10%）以及少量的阳起石、黑云母、碳酸盐等矿物（10%±）组成。绿泥石主要作为蚀变矿物交代磁铁矿产出,少量的绿泥石被碳酸盐类矿物交代。

图 3-14　司家营铁矿床绿泥石磁铁岩野外及镜下照片

a. 野外照片；b. 镜下照片。Chl-绿泥石；Bt-黑云母

（4）阳起石磁铁岩（图 3-15）：矿石风化面通常呈浅灰色，新鲜面呈深灰色，具粒状变晶结构、鳞片状变晶结构、交代结构，块状构造，主要由阳起石（20%～30%）、磁铁矿（30%～40%）、石英（5%～10%）以及少量的绿泥石、黑云母等矿物（10%±）组成。阳起石可呈纤维状和片状分布于富铁条带中，也可呈粒状或以石英包裹体形式产于富硅条带中，少量阳起石被绿泥石和碳酸盐类矿物交代。

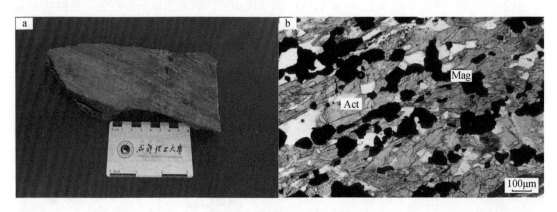

图 3-15　司家营铁矿床阳起石磁铁岩野外及镜下照片

a. 野外照片；b. 镜下照片。Act-阳起石

3.4.2　矿石组构

矿石多具条纹状构造，铁矿物（包括角闪石类）和石英构成黑白相间并互相平行的条纹。根据石英条纹的宽窄，大致可划分为下列三种构造类型。

（1）细纹状矿石。为区内分布最广泛的矿石之一（图 3-16），磁（赤）铁矿条纹与石英条纹宽度基本相等，纹宽均小于 1mm，矿石品位较高，TFe 含量一般在 30%以上。

（2）条纹状矿石。也为区内分布最广泛的矿石（图 3-17），常与细纹状矿石呈渐变关系，石英条纹宽一般为 1～3mm，个别宽达 5mm，磁（赤）铁矿条纹宽度多数在 1mm 左右。矿石品位 TFe 含量一般在 25%～30%。

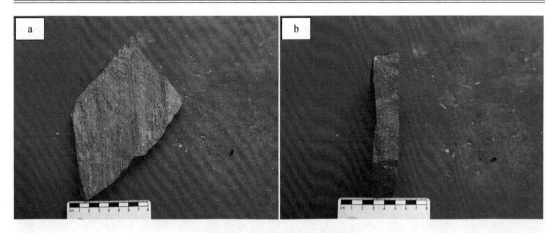

图 3-16 细纹状磁铁石英岩

图 3-17 条纹状磁铁石英岩

（3）条带状矿石。区内少见，石英条带宽大于 5mm，磁（赤）铁矿条带 1～2mm 或稍宽一些。由于石英增多，矿石品位相对变低，TFe 含量在 20%左右（图 3-18）。

另外本区尚有少量致密块状或砂状矿石（图 3-19），该类型矿石 TFe 含量一般达 50%以上。

矿石结构整体呈粒状变晶结构，此外还常有鳞片状变晶结构、交代结构等。其中粒状变晶结构、鳞片状变晶结构主要由磁铁矿、赤铁矿与石英、方解石、白云石、黑云母、阳起石等矿物镶嵌构成，部分矿石可见矿物呈鳞片状略具定向性分布。交代结构主要为赤铁矿沿磁铁矿边部或缝隙交代磁铁矿，呈浸染状分布，亦有绿泥石交代阳起石、黑云母，或是角闪石、绿泥石被碳酸盐矿物交代构成；交代强烈的磁铁矿会被赤铁矿完全取代，形成赤铁矿假象，或仅残留少量磁铁矿。

图 3-18 条带状磁铁石英岩

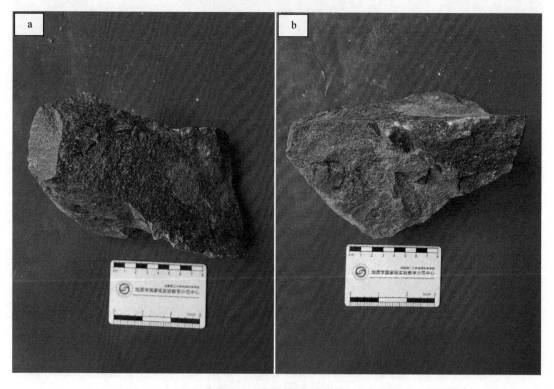

图 3-19 块状磁铁石英岩

3.4.3 矿石组分

1. 矿物组成

司家营铁矿床分布有不同的矿石自然类型，其矿物组合也具有一定的差异。

磁铁石英岩：矿石矿物主要为磁铁矿，少量赤铁矿、假象赤铁矿、磁赤铁矿、菱铁矿、黄铁矿，偶见黄铜矿、辉铜矿等。脉石矿物以石英为主，其次为阳起石、透闪石、普通角闪石、辉石等。蚀变矿物为绿泥石、碳酸盐矿物等。

赤铁石英岩：矿石矿物主要为赤铁矿、假象赤铁矿、磁铁矿，少量磁赤铁矿。脉石矿物以石英为主，其次为透闪石-阳起石，少量的角闪石、铁镁闪石、黑云母、微斜长石、绿泥石、白云母、绢云母、辉石、碳酸盐矿物等。

绿泥石磁铁岩：矿石矿物主要为磁铁矿，少量赤铁矿。脉石矿物主要为绿泥石、碳酸盐矿物、黑云母、角闪石，还有少量石英、磷灰石等。

阳起石磁铁岩：矿石矿物主要为磁铁矿，少量赤铁矿。脉石矿物主要为阳起石、石英、黑云母、碳酸盐矿物，还有少量绿泥石。

总体而言，司家营铁矿床矿石矿物以磁铁矿为主，其次为赤铁矿，其他矿石矿物对矿床整体 TFe 品位影响微乎其微（图 3-20）。脉石矿物主要为石英、阳起石、绿泥石以及少量的黑云母、碳酸盐矿物等。

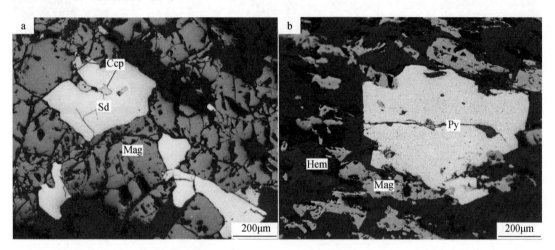

图 3-20 司家营铁矿床矿石矿物镜下特征

Py-黄铁矿；Sd-菱铁矿；Ccp-黄铜矿

1）矿石矿物

（1）磁铁矿：呈他形—半自形粒状、鳞片状产出，粒度一般为 0.04～0.15mm，以集合体或单体形式呈条纹状定向分布，与脉石矿物及赤铁矿等嵌布，一般为简单连晶，彼此之间接触界线较平直或略有弯曲。但部分磁铁矿中含数量不等的嵌石英包体。此外，亦见因赤铁矿化自中心向外交代，尚未交代完全而出现磁铁矿包裹赤铁矿的现象。少数粒度较大的磁铁矿（<0.3mm），通常呈自形—半自形粒状分布于块状铁矿石中，少数分布于硅铁条带交界处。

（2）赤铁矿：呈不规则晶粒状、片状、鳞片状产出，粒度一般不超过 0.15mm，多呈集合体出现，有时呈放射状、蠕虫状，或沿磁铁矿边部或缝隙交代磁铁矿，呈浸染状分布；交代强烈者磁铁矿则完全被赤铁矿取代，形成假象赤铁矿，或仅残留少量磁铁矿。

2）脉石矿物

（1）石英：呈无色他形—半自形粒状产出，粒度一般为 0.01～1mm 不等，可见有平行消光、波状消光，常以集合体的形式构成硅质条带，少数石英颗粒表面因含有较多包裹体而浑浊，一般呈集合形式构成硅质条带或以单体形成分布于铁质条带和硅质条带的交界处。少部分石英见有定向拉长现象，彼此之间紧密镶嵌。

（2）阳起石（图 3-21）：多呈半自形—自形长柱状产出，粒径 0.01～1mm 不等，呈浅绿—深绿色，多色性不明显，多被绿泥石、碳酸盐矿物交代。

图 3-21　司家营铁矿床碳酸盐矿物镜下特征（一）

Cb-碳酸盐矿物

（3）绿泥石：通常作为蚀变矿物产出，形态不规则，多数呈他形粒状，少数呈鳞片状，粒径为 0.01～0.3mm，具绿—浅黄色，多色性。

（4）黑云母：呈褐色片状、鳞片状产出，发育一组极完全解理，多被绿泥石、碳酸盐矿物交代（图 3-22）。

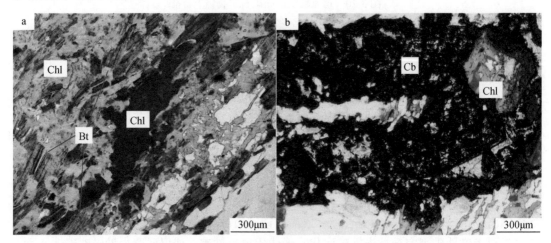

图 3-22　司家营铁矿床黑云母、绿泥石镜下特征

（5）碳酸盐矿物：主要以碳酸盐化脉的形式沿裂隙发育，少部分呈粒状产出，包括菱铁矿、方解石、白云石等。其中菱铁矿受磁铁矿、碳酸盐化影响不易分辨，多呈他形—半自形粒状结构，粒度为 0.01～0.2mm。方解石多呈无色他形粒状或脉状产出，粒度一般为 0.01～0.3mm，大多表面发生了蚀变作用。白云石呈他形—半自形粒状、片状产出，粒度为 0.01～0.2mm，具高级白干涉色，发育两组斜交解理（图 3-23）。

图 3-23　司家营铁矿床碳酸盐矿物镜下特征（二）

Cal-方解石；Dol-白云石

2. 矿石化学成分

矿石化学成分主要包括硅（Si）、铁（Fe）、氧（O），其次为铝（Al）、镁（Mg）、钙（Ca），微量锰（Mn）、钛（Ti）、钾（K）、钠（Na）、钡（Ba）等。化学成分以硅、铁为主，其他有益有害成分含量均很低。

1）司家营铁矿北区

司家营铁矿北区矿石 TFe 平均品位为 27.73%，矿体浅部为赤铁矿石，深部为磁铁矿石，使得浅部矿体较深部矿体品位略高。深部矿体的石英条带及不可剔除的小夹层较多，这导致深部矿体品位较浅部矿体偏低。

矿石中 SiO_2 含量一般为 45%～55%，最高 70.56%，最低 29.96%。北区矿石 SiO_2 含量未见明显规律性变化，总体趋势随着深度的增加而增加。SiO_2 与 TFe 含量之间存在明显的消长关系，即 TFe 含量越高，SiO_2 含量越低，反之亦然，但也有个别样品与此规律不符合，多由于矿石碳酸盐化，石英被碳酸盐矿物交代，造成 SiO_2 含量降低。

矿石中有害组分 S、P 含量甚低。S 含量一般为 0.02%～0.20%，最高 1.596%，最低为 0。P 含量一般为 0.02%～0.08%，最高 0.166%，最低 0.006%。本区含硫矿物主要为黄铁矿，含磷矿物主要为磷灰石。S、P 含量沿走向无大变化，总体趋势是深部含量较地表及浅部稍高，推测是氧化作用使浅部的部分 S、P 氧化流失所致。

矿石中的伴生有益组分主要有 Mn、Ga、Cr、Ti、Mo、Co、Ni 等，含量均甚低，无综合利用价值。

2）司家营铁矿南区

南区矿石 TFe 平均品位为 30.79%。矿区铁矿 TFe 品位＞25%的占 84.76%，并以 TFe30%～32%频率最高。矿石中含铁矿物以磁铁矿、赤铁矿为主，硅酸铁含量一般在 1%～3%，平均 1.78%，硫化铁平均含量 0.24%，碳酸铁（菱铁矿）平均含量 0.68%。详见表 3-3。

表 3-3　铁物相样品分析结果统计表

矿石类型	样品件数	磁铁矿中 Fe/%		菱铁矿中 Fe/%		赤铁矿中 Fe/%		硫化铁中 Fe/%		硅酸铁中 Fe/%		TFe/%	
		含量	分布率	含量	分布率	含量	分布率	含量	分布率	含量	分布率	含量	分布率
赤铁矿石	19	11.45	41.87	1.23	4.50	9.98	36.49	0.50	1.83	4.24	15.48	27.35	100.17
磁铁矿石	133	29.13	89.18	0.61	1.85	1.34	4.09	0.20	0.61	1.43	4.39	32.67	100.12
合计	152	26.92	84.12	0.68	2.14	2.42	7.55	0.24	0.74	1.78	5.57	32.00	100.13

a. 南矿段 I 矿体

TFe 平均品位 30.81%，其中赤铁矿石 32.09%，磁铁矿石 30.54%，赤铁矿石略高于磁铁矿石。本矿体赤铁矿石主要受氧化带控制，风化淋滤作用导致赤铁矿石品味略有富集。矿体品位沿倾向和走向均稳定。沿倾向，自浅至深总的趋势是逐渐降低，但变化幅度较小，一般为 1%左右，最大 2%～3%；品位沿走向未见增高或降低的规律变化，变化幅度一般为 2%～3%。

b. 大贾庄（I＋II）矿体

TFe 平均品位 30.82%，其中赤铁矿石 25.86%，磁铁矿石 30.96%，赤铁矿石低于磁铁矿石。本矿体赤铁矿石除北部的大 0、大 2 线分布在矿头部位外，其他地段的赤铁矿石分布受构造破碎带或混合岩控制，矿石贫化明显。根据历次采取的 2277 件圈定矿体样品统计，矿石算术平均品位 TFe 为 30.09%，均方差 7.9，品位变化系数 V_c=26.4%，品位分布均匀。为查明矿体品位沿走向及倾向的变化规律，以单工程 TFe 平均品位为单位，绘制了矿体平均品位沿倾向及走向的变化曲线，详见图 3-24、图 3-25。

通过品位变化曲线可以看出，矿体品位沿倾向及走向变化不大，均以 30%品位线为中心上下波动，变化幅度一般为 2%～3%。

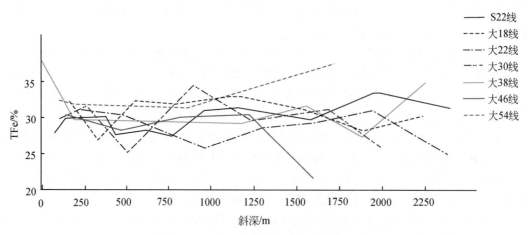

图 3-24　矿体平均品位沿倾向的变化曲线

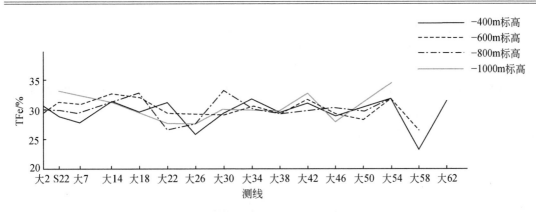

图 3-25　矿体平均品位沿走向的变化曲线

根据组合分析，南区矿石中 SiO_2 含量一般为 45%～50%，最高 60.92%，最低 18.64%。矿石 SiO_2 含量与 TFe 品位呈此升彼涨关系。南矿段 I 矿体，矿石中 SiO_2 含量沿走向自北向南呈折线抬高趋势，沿倾向呈跳跃幅度较小的无规律变化。大贾庄（I+II）矿体，矿石中 SiO_2 含量沿走向、倾向均较稳定，波动区间多位于 45%～50%。其中低于 45% 的跳跃点多为含富矿（阳起磁铁岩）引起。详见图 3-26、图 3-27。

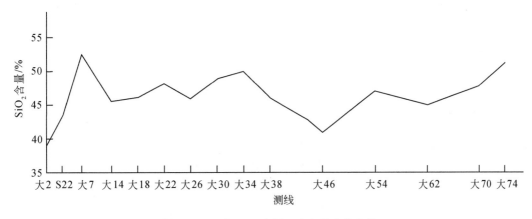

图 3-26　矿体 SiO_2 含量沿走向的变化曲线

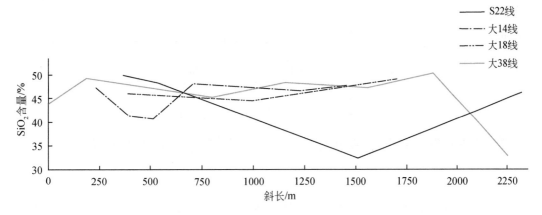

图 3-27　矿体 SiO_2 含量沿倾向的变化曲线

此外伴生有害组分 S 含量一般为 0.10%～0.20%，最高 1.086%，最低 0.001%。含硫矿物主要为黄铁矿，多呈浸染状，少量呈细脉状，与热液活动有关；P 含量一般为 0.03%～0.08%，最高 0.392%，最低 0.008%，含磷矿物主要为磷灰石。

大贾庄矿段（Ⅰ+Ⅱ）矿体中 S、P 含量沿走向及倾向的变化曲线详见图 3-28、图 3-29、图 3-30。S、P 含量总的变化规律是沿走向基本稳定，但深部较浅部稍高，推测是氧化作用使浅部的部分 S、P 氧化流失。

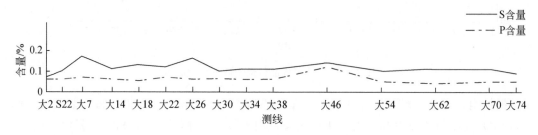

图 3-28　矿体 S、P 含量沿走向的变化曲线

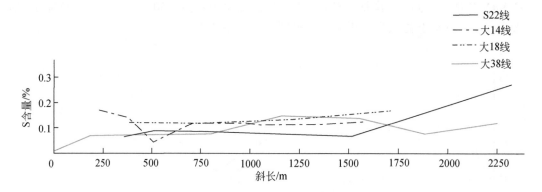

图 3-29　矿体 S 含量沿倾向的变化曲线

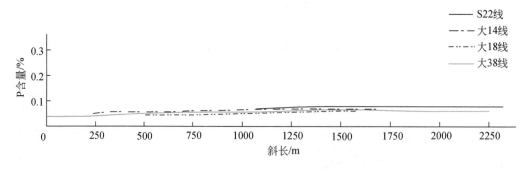

图 3-30　矿体 P 含量沿倾向的变化曲线

矿石中的伴生有益组分主要有 Ti、Mn、V，含量甚低，无综合利用价值。

3. 矿物化学成分

在矿相学观察基础上，为了进一步查明矿区矿石矿物和脉石矿物成分和组成特征，并为揭示矿床成因提供一定的依据，对司家营铁矿床的典型矿石中的主要矿石矿物和脉石矿物进行电子探针化学成分分析，实验在西南石油大学地球科学与技术学院电子探针实验室完成。电子探针分析仪型号为 JEOL JXA-8230，配备有 4 道波谱仪。在上机测试之前先按照 Zhang 和 Yang（2016）提供的流程进行镀碳，将样品镀上尽量均匀的厚度约 20nm 的碳膜。电子探针工作条件为：加速电压 15kV，加速电流 20nA，束斑直径 10μm。所有测试数据均进行 ZAF 校正处理。Na、Mg、K、Ca、Fe、Ti、Al、Si、Ni、Cr、Mn 元素特征峰的测量时间为 10s，上下背景的测量时间分别是特征峰测量时间的一半。所使用的国际 SPI 标样如下：Na（$NaAlSi_3O_8$）、Mg（$MgCaSi_2O_6$）、Al（$NaAlSi_3O_8$）、Si（$NaAlSi_3O_8$）、K（$KAlSi_3O_8$）、Ca（$MgCaSi_2O_6$）、Fe（$FeCr_2O_4$）、Cr（$FeCr_2O_4$）、Ti（TiO_2）、Mn（$CaMnSi_2O_6$）、Ni（Fe、Ni）$_9S_8$。

1）矿石矿物

磁铁矿是司家营铁矿床最主要的矿石矿物，因此重点介绍磁铁矿的主量元素特征。通过测得数据可以发现，不同变质程度的矿石中磁铁矿的主量元素含量存在一定的差异，详见表 3-4、表 3-5。条带状磁铁石英岩中 TFeO 含量为 86.811%～92.726%，平均值为 89.904%；TiO_2 含量分布在 0.003%～0.484%，平均值为 0.248%；SiO_2 含量分布在 0～0.057%（此处 O 代表检测下限，下同），平均值为 0.023%；MnO 含量分布在 0～0.298%，平均值为 0.082%；MgO 含量分布在 0～0.038%，平均值为 0.011%。条纹状磁铁石英岩中 TFeO 含量为 90.930%～94.256%，平均值为 92.575%；TiO_2 含量分布在 0～0.043%，平均值为 0.019%；SiO_2 含量分布在 0～0.036%，平均值为 0.016%；MnO 含量分布在 0～0.223%，平均值为 0.113%；MgO 含量分布在 0～0.046%，平均值为 0.013%。细纹状磁铁石英岩中 TFeO 含量为 90.791%～93.276%，平均值为 92.492%；TiO_2 含量分布在 0～0.060%，平均值为 0.020%；SiO_2 含量分布在 0～0.049%，平均值为 0.023%；MnO 含量分布在 0～0.089%，平均值为 0.052%；MgO 含量分布在 0～0.046%，平均值为 0.019%。块状磁铁石英岩中 TFeO 含量为 92.079%～94.144%，平均值为 93.099%；TiO_2 含量分布在 0～0.035%，平均值为 0.011%；SiO_2 含量分布在 0～0.035%，平均值为 0.015%；MnO 含量分布在 0.012%～0.102%，平均值为 0.052%；MgO 含量分布在 0～0.013%，平均值为 0.004%。条纹状赤铁石英岩中 TFeO 含量为 93.236～95.236%，平均值为 94.151%；TiO_2 含量分布在 0～0.056%，平均值为 0.022%；SiO_2 含量分布在 0.001%～0.077%，平均值为 0.026%；MnO 含量分布在 0～0.030%，平均值为 0.012%；MgO 含量分布在 0～0.024%，平均值为 0.007%。

通过司家营铁矿床磁铁矿主量元素特征图解（图 3-31），发现不同变质程度的磁铁石英岩中磁铁矿 TFeO 含量存在一定的规律性差异，其中条带状磁铁石英岩相对最低，赤铁石英岩中磁铁矿 TFeO 含量最高，同时总体上 TiO_2、SiO_2、MgO+MnO 也与 TFeO 呈弱的负相关。由于电子探针数据无法直观地表现 Fe^{3+} 与 Fe^{2+} 的具体含量或者二者所占比例关系，故先采用郑巧荣（1983）的剩余氧计算法计算出矿物中 Fe^{3+} 与 Fe^{2+} 的量，再进行下一步的分析计算。计算出磁铁矿中 Fe_2O_3 含量分布在 58.933%～70.552%，平均值为 68.161%；FeO 含量分布在 29.421%～32.113%，平均值为 30.722%。以 4 个氧原子为基准计算磁铁矿的结构式和相应参数（表 3-5），可知磁铁矿化学式为（$Fe^{II}_{0.986\sim1.014}Mg_{0\sim0.003}Mn_{0\sim0.010}$）$_{0.990\sim1.014}$（$Fe^{III}_{1.970\sim2.005}Ti_{0\sim0.015}Al_{0\sim0.002}Cr_{0\sim0.009}$）$_{1.984\sim2.005}O_4$。

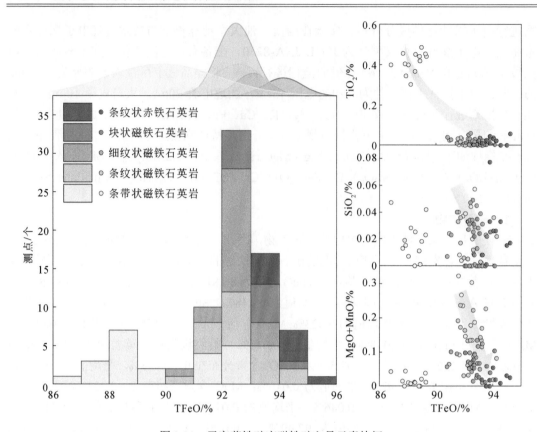

图 3-31　司家营铁矿床磁铁矿主量元素特征

表 3-4　司家营铁矿床磁铁矿电子探针主量元素分析结果（%）

样品编号	SiO₂	TiO₂	Al₂O₃	Cr₂O₃	TFeO	MnO	MgO	CaO	Na₂O	K₂O	Total	Fe₂O₃	FeO
						条带状磁铁石英岩							
D1013-1-1	0.037	0.003	—	0.013	91.898	0.227	0.005	—	—	0.018	92.201	68.241	30.481
D1013-1-2	—	0.018	0.001	—	92.496	0.288	0.012	—	0.022	—	92.837	68.832	30.547
D1013-1-3	0.004	0.033	—	—	91.795	0.256	0.008	—	—	—	92.096	68.163	30.449
D1013-1-4	0.040	0.003	0.003	—	91.576	0.298	0.021	—	—	—	91.941	68.024	30.355
D1013-2-1	0.007	0.398	—	0.019	88.056	0.010	—	—	0.020	0.016	88.526	64.830	29.709
D1013-2-2	0.013	0.454	0.008	—	87.659	—	0.014	—	—	—	88.148	64.333	29.759
D1013-2-3	0.018	0.484	—	0.020	88.978	0.009	0.011	—	—	0.012	89.532	65.295	30.212
D1013-2-4	0.008	0.015	—	—	91.633	0.073	0.018	—	0.005	—	91.752	67.957	30.472
D1013-2-5	0.015	0.344	—	—	87.862	0.020	0.023	—	0.005	0.018	88.287	64.730	29.605
D1013-2-6	0.025	0.449	0.008	—	88.549	0.010	—	—	—	0.002	89.043	64.972	30.074
D1013-2-7	0.044	0.007	—	0.006	92.445	0.176	—	—	0.017	0.017	92.712	68.656	30.654
D1013-2-8	0.020	0.007	—	—	92.534	0.115	0.018	—	0.045	—	92.739	68.817	30.599
D1013-2-9	0.039	0.009	—	—	92.065	0.137	0.007	—	—	—	92.257	68.242	30.647
D1013-2-10	0.028	0.301	0.018	0.022	88.217	0.007	—	—	—	—	88.593	64.898	29.809
D1013-2-11	0.047	0.398	0.007	—	86.811	0.003	0.038	—	0.003	—	87.307	63.766	29.421

续表

样品编号	SiO$_2$	TiO$_2$	Al$_2$O$_3$	Cr$_2$O$_3$	TFeO	MnO	MgO	CaO	Na$_2$O	K$_2$O	Total	Fe$_2$O$_3$	FeO
条带状磁铁石英岩													
D1013-2-12	0.042	0.439	—	—	89.307	0.001	0.011	—	—	0.004	89.804	65.535	30.326
D1013-2-13	0.019	0.404	0.007	0.006	87.800	—	—	—	0.024	—	88.260	64.576	29.681
D1013-2-14	0.023	0.452	—	0.022	89.259	—	0.037	—	—	0.011	89.804	65.561	30.254
D1013-2-15	0.057	0.018	0.008	—	92.726	0.184	—	—	0.012	0.008	93.013	68.784	30.820
D1013-2-16	0.001	0.417	0.014	0.006	88.881	—	—	—	0.017	0.004	89.340	65.369	30.049
D1013-2-17	—	0.367	—	—	88.518	—	0.012	—	0.013	—	88.910	65.166	29.869
D1013-2-18	0.011	0.440	0.001	0.035	88.827	—	—	—	—	—	89.314	65.193	30.153
条纹状磁铁石英岩													
ZKN8-9-3-1	0.002	0.037	—	0.047	93.188	0.117	0.015	—	—	0.005	93.411	69.096	31.002
ZKN8-9-3-2	0.022	0.041	0.023	0.059	94.256	0.073	0.008	—	0.024	—	94.506	69.877	31.367
ZKN8-9-3-3	0.033	0.004	—	0.291	92.256	—	0.032	—	0.052	0.003	92.671	68.461	30.641
ZKN8-9-3-4	0.008	0.004	0.012	0.030	93.252	0.162	0.005	—	0.017	0.016	93.506	69.301	30.881
ZKN8-9-3-5	0.033	—	0.044	0.057	91.532	0.189	—	—	0.018	—	91.873	67.934	30.391
ZKN8-9-3-6	0.012	0.018	0.012	0.006	92.622	0.194	0.025	—	—	0.007	92.896	68.769	30.730
ZKN8-9-3-7	0.036	0.018	—	0.037	94.047	0.019	—	—	0.018	—	94.175	69.670	31.344
ZKN8-9-3-8	0.033	0.031	0.023	0.011	92.236	0.085	0.046	—	0.010	0.007	92.482	68.409	30.667
ZKN8-9-3-9	0.005	0.028	0.033	—	92.248	0.060	—	—	—	—	92.374	68.328	30.752
ZKN8-9-3-10	—	0.029	0.027	0.035	93.228	0.089	0.025	—	0.020	—	93.453	69.194	30.954
ZKN8-9-3-11	0.003	0.028	0.008	0.036	93.132	0.141	—	—	0.002	—	93.350	69.057	30.981
ZKN8-9-3-12	0.006	0.043	—	0.057	91.959	0.030	—	—	0.008	—	92.103	68.102	30.668
ZKN8-9-3-13	—	0.040	0.030	0.047	92.420	0.118	0.014	—	—	—	92.669	68.496	30.774
ZKN8-9-3-14	0.009	0.009	—	—	92.661	0.083	0.004	—	0.052	—	92.818	68.916	30.637
ZKN8-9-3-15	—	0.027	—	0.007	92.034	0.147	0.014	—	0.010	—	92.239	68.322	30.545
ZKN8-9-3-16	0.023	0.009	—	0.026	93.496	0.223	—	—	0.014	0.019	93.810	69.491	30.954
ZKN8-9-3-17	0.036	—	0.010	—	91.720	0.208	0.026	—	—	—	92.000	68.077	30.451
ZKN8-9-3-18	0.024	—	0.005	0.037	90.930	0.055	0.009	—	0.007	0.026	91.093	67.469	30.208
ZKN8-9-4-1	0.017	—	0.006	—	91.709	0.153	0.017	—	0.009	0.003	91.914	68.099	30.420
细纹状磁铁石英岩													
D0006-4-1	0.029	0.030	—	0.004	92.731	0.080	0.013	—	0.029	—	92.916	68.814	30.799
D0006-4-2	0.027	0.052	0.008	—	92.269	0.056	0.014	—	0.008	—	92.434	68.336	30.767
D0006-4-3	0.001	0.030	—	—	92.716	0.057	0.034	—	0.002	—	92.840	68.748	30.843
D0006-4-4	0.023	0.028	—	0.019	91.045	0.074	0.025	—	0.022	—	91.236	67.554	30.247
D0006-4-5	—	0.010	—	0.014	92.519	0.017	0.024	—	0.032	—	92.616	68.711	30.679
D0006-4-6	0.040	0.010	—	0.006	91.464	0.055	0.038	—	0.005	—	91.618	67.793	30.451
D0006-4-7	0.013	0.004	—	0.014	92.897	0.089	0.043	—	0.008	—	93.068	68.952	30.840
D0006-4-8	0.034	0.021	0.015	—	92.370	0.050	0.046	—	0.025	—	92.561	68.547	30.678

续表

样品编号	SiO₂	TiO₂	Al₂O₃	Cr₂O₃	TFeO	MnO	MgO	CaO	Na₂O	K₂O	Total	Fe₂O₃	FeO
细纹状磁铁石英岩													
D0006-4-9	—	0.007	—	—	92.809	0.055	0.029	—	0.067	—	92.967	69.120	30.601
D0006-4-10	0.028	0.016	—	0.009	92.951	0.074	0.041	—	0.042	0.008	93.169	69.106	30.755
D0006-4-11	0.031	—	—	—	93.272	—	0.010	—	—	—	93.313	69.064	31.115
D0006-6-1	0.049	0.013	0.011	0.009	92.574	0.072	—	—	0.014	—	92.742	68.589	30.844
D0006-6-2	—	0.003	0.013	—	92.328	0.051	—	—	—	—	92.395	68.434	30.738
D0006-6-3	—	0.021	0.009	0.004	93.276	0.089	0.033	—	—	0.010	93.442	69.213	30.984
D0006-6-4	0.034	0.021	—	—	92.550	0.050	0.005	—	0.010	0.010	92.680	68.598	30.812
D0006-6-5	0.047	0.060	0.002	—	92.404	0.057	0.009	—	0.003	—	92.582	68.366	30.875
D0006-6-6	0.007	0.040	0.032	—	90.791	0.033	0.023	—	0.012	—	90.938	67.292	30.229
D0006-6-7	0.039	0.034	—	0.011	93.115	0.049	—	—	—	—	93.248	68.908	31.098
D0006-6-8	0.045	0.001	0.017	0.016	92.853	0.009	0.015	—	0.020	—	92.976	68.812	30.922
D0006-6-9	0.025	0.003	—	—	92.607	0.013	0.001	—	0.002	0.010	92.661	68.612	30.856
D0006-6-10	—	—	—	0.009	92.938	0.055	0.011	—	—	0.008	93.021	68.933	30.898
D0006-6-11	0.031	0.031	0.001	0.023	92.350	0.052	—	—	—	0.014	92.502	68.396	30.794
块状磁铁石英岩													
D0007-3-1	0.022	0.015	—	0.027	92.695	0.047	0.013	—	0.005	0.012	92.836	68.717	30.849
D0007-3-2	—	—	0.005	0.015	93.473	0.012	—	—	0.020	0.006	93.531	69.358	31.050
D0007-3-3	—	0.024	0.022	0.033	93.020	0.022	0.004	—	0.010	—	93.135	68.928	30.984
D0007-3-4	0.025	0.030	0.004	—	93.811	0.026	0.013	—	—	0.004	93.913	69.466	31.291
D0007-3-5	0.022	—	0.004	—	93.565	0.054	0.004	—	0.008	—	93.657	69.362	31.140
D0007-3-6	—	0.010	0.017	0.009	92.079	0.087	0.010	—	—	0.012	92.224	68.309	30.601
D0007-3-7	—	—	—	0.009	94.144	0.102	—	—	0.025	—	94.280	69.932	31.205
D0007-3-8	0.031	0.001	—	0.013	92.647	0.076	—	—	—	—	92.768	68.639	30.872
D0007-3-9	0.035	0.003	—	—	92.888	0.028	0.004	—	0.029	0.008	92.995	68.928	30.852
D0007-3-10	0.008	—	—	0.006	92.694	0.052	—	—	0.009	0.014	92.783	68.778	30.794
D0007-3-11	0.024	0.035	0.013	0.025	93.074	0.066	—	—	—	—	93.237	68.904	31.061
条纹状赤铁石英岩													
D1003-2-1	0.026	0.022	0.015	0.058	94.196	0.019	—	0.021	0.005	—	94.362	69.742	31.428
D1003-2-2	0.033	—	—	0.078	94.554	0.009	—	—	—	—	94.674	69.976	31.575
D1003-2-3	0.033	0.043	—	0.024	93.786	—	—	—	—	0.044	93.930	69.486	31.248
D1003-2-4	0.077	0.010	0.012	0.016	93.785	0.017	—	—	—	—	93.917	69.337	31.382
D1003-2-5	0.017	0.056	—	0.050	95.236	—	0.024	—	0.019	—	95.402	70.552	31.740
D1003-2-6	0.015	—	—	0.033	94.994	0.023	0.007	—	0.015	—	95.087	70.434	31.603
D1003-2-7	0.008	0.009	—	0.032	93.236	0.007	0.011	—	0.025	—	93.328	69.169	30.984
D1003-2-8	0.001	0.025	—	0.019	93.546	—	—	—	—	—	93.591	69.267	31.206
D1003-2-9	0.026	0.033	0.002	0.030	94.030	0.030	0.023	—	0.002	0.004	94.180	69.638	31.356

注："—"表示低于检测限；TFeO 为全铁含量。

表 3-5　司家营铁矿床磁铁矿阳离子数（以 4 个氧原子为基准）

样品编号	Ti	Al	Cr	Fe³⁺	Fe²⁺	Mn	Mg
条带状磁铁石英岩							
D1013-1-1	0.000	—	0.000	1.998	0.992	0.007	0.000
D1013-1-2	0.001	0.000	—	2.001	0.987	0.009	0.001
D1013-1-3	0.001	—	—	1.998	0.992	0.008	0.000
D1013-1-4	0.000	0.000	—	1.997	0.990	0.010	0.001
D1013-2-1	0.012	—	0.001	1.977	1.007	0.000	—
D1013-2-2	0.014	0.000	—	1.971	1.013	—	0.001
D1013-2-3	0.015	—	0.001	1.970	1.013	0.000	0.001
D1013-2-4	0.000	—	—	1.999	0.996	0.002	0.001
D1013-2-5	0.011	—	—	1.979	1.006	0.001	0.001
D1013-2-6	0.014	0.000	—	1.971	1.014	0.000	—
D1013-2-7	0.000	—	0.000	1.998	0.992	0.006	0.000
D1013-2-8	0.000	—	—	2.002	0.989	0.004	0.001
D1013-2-9	0.000	—	—	1.997	0.997	0.005	0.000
D1013-2-10	0.009	0.001	0.001	1.978	1.010	0.000	—
D1013-2-11	0.012	0.000	—	1.972	1.011	0.000	0.002
D1013-2-12	0.013	—	—	1.971	1.013	0.000	0.001
D1013-2-13	0.012	0.000	0.000	1.975	1.009	—	—
D1013-2-14	0.014	—	0.001	1.971	1.011	—	0.002
D1013-2-15	0.001	0.000	—	1.996	0.994	0.006	—
D1013-2-16	0.013	0.001	0.000	1.976	1.009	—	—
D1013-2-17	0.011	—	—	1.979	1.008	—	0.001
D1013-2-18	0.013	0.000	0.001	1.972	1.013	—	—
条纹状磁铁石英岩							
ZKN8-9-3-1	0.001	—	0.001	1.997	0.996	0.004	0.001
ZKN8-9-3-2	0.001	0.001	0.002	1.995	0.995	0.002	0.000
ZKN8-9-3-3	0.000	—	0.009	1.993	0.991	—	0.002
ZKN8-9-3-4	0.000	0.001	0.001	2.000	0.990	0.005	0.000
ZKN8-9-3-5	—	0.002	0.002	1.995	0.992	0.006	—
ZKN8-9-3-6	0.001	0.001	0.000	1.998	0.992	0.006	0.001
ZKN8-9-3-7	0.001	—	0.001	1.997	0.998	0.001	—
ZKN8-9-3-8	0.001	0.001	0.000	1.996	0.994	0.003	0.003
ZKN8-9-3-9	0.001	0.002	—	1.997	0.999	0.002	—
ZKN8-9-3-10	0.001	0.001	0.001	1.998	0.993	0.003	0.001
ZKN8-9-3-11	0.001	0.000	0.001	1.997	0.996	0.005	—
ZKN8-9-3-12	0.001	—	0.002	1.996	0.999	0.001	—
ZKN8-9-3-13	0.001	0.001	0.001	1.995	0.996	0.004	0.001

样品编号	Ti	Al	Cr	Fe^{3+}	Fe^{2+}	Mn	Mg
条纹状磁铁石英岩							
ZKN8-9-3-14	0.000	—	—	2.003	0.990	0.003	0.000
ZKN8-9-3-15	0.001	—	0.000	1.999	0.993	0.005	0.001
ZKN8-9-3-16	0.000	—	0.001	1.999	0.990	0.007	—
ZKN8-9-3-17	—	0.000	—	1.997	0.993	0.007	0.002
ZKN8-9-3-18	—	0.000	0.001	1.999	0.995	0.002	0.001
ZKN8-9-4-1	—	0.000		1.999	0.993	0.005	0.001
细纹状磁铁石英岩							
D0006-4-1	0.001	—	0.000	1.998	0.994	0.003	0.001
D0006-4-2	0.002	0.000	—	1.995	0.998	0.002	0.001
D0006-4-3	0.001	—	—	1.999	0.996	0.002	0.002
D0006-4-4	0.001	—	0.001	1.998	0.994	0.002	0.001
D0006-4-5	0.000	—	0.000	2.002	0.993	0.001	0.001
D0006-4-6	0.000	—	0.000	1.997	0.997	0.002	0.002
D0006-4-7	0.000	—	0.000	1.999	0.994	0.003	0.002
D0006-4-8	0.001	0.001	—	1.998	0.994	0.002	0.003
D0006-4-9	0.000	—	—	2.005	0.986	0.002	0.002
D0006-4-10	0.000	—	0.000	2.000	0.989	0.002	0.002
D0006-4-11	—	—	—	1.998	1.000	—	0.001
D0006-6-1	0.000	0.001	0.000	1.996	0.997	0.002	—
D0006-6-2	0.000	0.001	—	1.999	0.998	0.002	—
D0006-6-3	0.001	0.000	0.000	1.999	0.995	0.003	0.002
D0006-6-4	0.001	—	—	1.998	0.997	0.002	0.000
D0006-6-5	0.002	0.000	—	1.993	1.000	0.002	0.001
D0006-6-6	0.001	0.001	—	1.997	0.997	0.001	0.001
D0006-6-7	0.001	—	0.000	1.995	1.001	0.002	—
D0006-6-8	0.000	0.001	0.000	1.997	0.997	0.000	0.001
D0006-6-9	0.000	—	—	1.999	0.999	0.000	0.000
D0006-6-10	—	—	0.000	2.000	0.996	0.002	0.001
D0006-6-11	0.001	0.000	0.001	1.996	0.999	0.002	—
块状磁铁石英岩							
D0007-3-1	0.000	—	0.001	1.998	0.997	0.002	0.001
D0007-3-2	—	0.000	0.000	2.001	0.996	0.000	—
D0007-3-3	0.001	0.001	0.001	1.998	0.998	0.001	0.000
D0007-3-4	0.001	0.000	—	1.997	1.000	0.001	0.001
D0007-3-5	—	0.000	—	1.999	0.997	0.002	0.000
D0007-3-6	0.000	0.001	0.000	1.999	0.995	0.003	0.001
D0007-3-7	—	—	0.000	2.002	0.993	0.003	—

续表

样品编号	Ti	Al	Cr	Fe³⁺	Fe²⁺	Mn	Mg
块状磁铁石英岩							
D0007-3-8	0.000	—	0.000	1.997	0.998	0.002	—
D0007-3-9	0.000	—	—	2.000	0.995	0.001	0.000
D0007-3-10	—	—	0.000	2.001	0.996	0.002	—
D0007-3-11	0.001	0.001	0.001	1.995	0.999	0.002	—
条纹状赤铁石英岩							
D1003-2-1	0.001	0.001	0.002	1.995	0.999	0.001	—
D1003-2-2	—	—	0.002	1.995	1.001	0.000	—
D1003-2-3	0.001	—	0.001	1.997	0.998	—	—
D1003-2-4	0.000	0.001	0.000	1.993	1.002	0.001	—
D1003-2-5	0.002	—	0.001	1.996	0.998	—	0.001
D1003-2-6	—	—	0.001	1.999	0.997	0.000	0.000
D1003-2-7	0.000	—	0.001	2.000	0.996	0.000	0.001
D1003-2-8	0.001	—	0.001	1.998	1.000	—	—
D1003-2-9	0.001	0.000	0.001	1.996	0.999	0.001	0.001

2）脉石矿物

通过电子探针测试结果可以看出司家营铁矿床脉石矿物的化学成分也具有一定的规律性变化（图 3-32）。在（MnO+MgO）-FeO 图解（图 3-32a）和 SiO_2-FeO 图解（图 3-32b）中，黑云母、绿泥石、角闪石的 MgO、MnO、SiO_2 含量均与 FeO 含量具明显的负相关性，在（MgO+CaO）-FeO、（MgO+MnO）-FeO 图解（图 3-32c、d）中，碳酸盐矿物除菱铁矿由于其化学特征过纯，未见明显主量元素之间的相关性外，方解石与白云石的 MgO、CaO 含量均表示出与 FeO 含量有明显的负相关性。

a. 黑云母

黑云母中 TFeO 含量在 19.786%～22.010%，平均值为 20.917%；MgO 含量分布在 8.994%～9.438%，平均值为 9.231%；K_2O 含量分布在 9.061%～9.853%，平均值为 9.664%；SiO_2 含量分布在 35.786%～36.836%，平均值为 36.406%；Al_2O_3 含量分布在 16.754%～17.122%，平均值为 17.122%；其余主量元素含量均较低（表 3-6）。成分稳定，具高铝、低钛、低钠、高钾的特征，FeO、MgO 含量较高，CaO 含量很低，大多低于检测限，表明所测黑云母基本不受或很少受绿泥石化蚀变影响。将黑云母化学成分分析结果投在云母矿物分类图解上（图 3-33），可见黑云母均投在了铁质黑云母区域。

先采用林文蔚和彭丽君（1994）的待定阳离子数计算法计算出 Fe^{2+} 和 Fe^{3+}，再进行下述分析计算，以 11 个氧原子为基准计算出黑云母的结构式及相应参数（表 3-6），其化学式为 $(K_{0.189\sim0.968}Na_{0.002\sim0.020})_{0.195\sim0.981}\{(Mg_{1.027\sim1.640}Fe^{II}_{1.069\sim1.698}Fe^{III}_{0.173\sim0.206}Al_{0.061\sim0.358}Mn_{0.018\sim0.033}Ti_{0.026\sim0.107})_{2.820\sim3.632}[(Al_{1.163\sim1.575}Si_{2.425\sim2.837})_4O_{10}](OH)_2\}$。

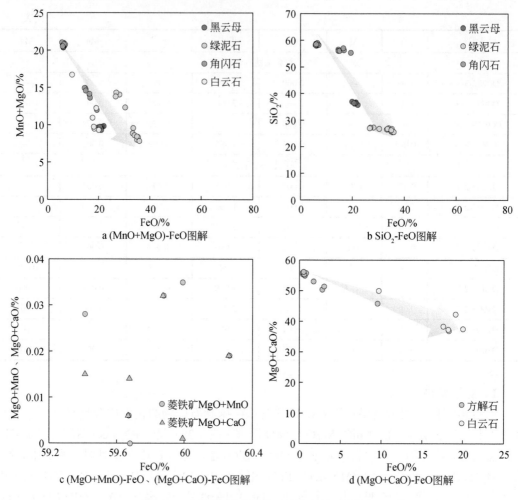

图 3-32　司家营铁矿床脉石矿物主量元素特征

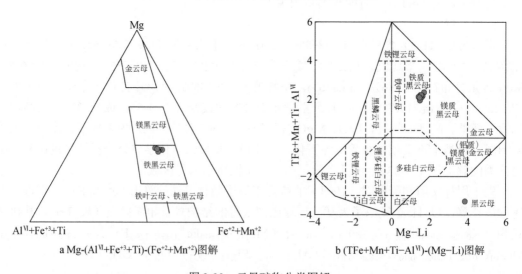

图 3-33　云母矿物分类图解

表 3-6 司家营铁矿床黑云母电子探针主量元素分析结果（%）

样品编号	ZKN8-9-2-1	ZKN8-9-2-2	ZKN8-9-2-3	ZKN8-9-2-4	ZKN8-9-2-5	ZKN8-9-2-6	ZKN8-9-2-7	ZKN8-9-2-8
SiO_2	35.786	36.121	36.629	36.836	36.444	36.459	36.497	36.472
TiO_2	1.547	1.762	1.591	1.642	1.852	1.733	1.805	1.742
Al_2O_3	16.938	16.889	17.003	16.754	16.951	17.122	17.112	16.852
Cr_2O_3	0.092	0.074	0.048	0.049	0.096	0.072	0.060	0.053
MnO	0.309	0.282	0.310	0.290	0.343	0.333	0.309	0.336
MgO	9.438	9.105	9.366	9.347	9.177	9.072	8.994	9.349
CaO	—	0.002	—	—	0.013	—	—	—
Na_2O	0.050	0.043	0.029	0.041	0.043	0.072	0.134	0.023
K_2O	9.061	9.779	9.790	9.853	9.606	9.756	9.836	9.627
总和	73.221	74.057	74.766	74.812	74.525	74.619	74.747	74.454
TFeO	22.010	20.825	21.199	19.786	21.055	21.022	20.999	20.440
Fe_2O_3	3.340	3.313	3.313	3.361	3.459	3.380	3.362	3.406
FeO	19.005	17.844	18.218	16.762	17.943	17.980	17.974	17.375
以 11 个氧原子为基准计算阳离子数								
Si	2.740	2.769	2.775	2.812	2.770	2.771	2.771	2.784
Al^{IV}	1.260	1.231	1.225	1.188	1.230	1.229	1.229	1.216
Al^{VI}	0.268	0.294	0.293	0.320	0.289	0.304	0.303	0.300
Ti	0.089	0.102	0.091	0.094	0.106	0.099	0.103	0.100
Fe^{3+}	0.192	0.191	0.189	0.193	0.198	0.193	0.192	0.196
Fe^{2+}	1.217	1.144	1.154	1.070	1.141	1.143	1.141	1.109
Mn	0.020	0.018	0.020	0.019	0.022	0.021	0.020	0.022
Mg	1.077	1.040	1.058	1.064	1.040	1.028	1.018	1.064
Na	0.007	0.006	0.004	0.006	0.006	0.011	0.020	0.003
K	0.885	0.956	0.946	0.960	0.932	0.946	0.953	0.937
总和	7.755	7.751	7.755	7.726	7.734	7.745	7.750	7.731
Li^{*}	0.442	0.501	0.582	0.623	0.552	0.555	0.561	0.560

注："—"表示低于检测限。$Li^{*}=2\times[(0.287\times SiO_2)-9.552]/29.88\times22/n(O)$，其中 $n(O)$ 为所有氧化物的氧原子个数的总和。

b. 绿泥石

绿泥石中 TFeO 含量分布在 26.696%～35.740%，平均值为 32.372%；MgO 含量分布在 7.772%～13.931%，平均值为 10.002%；SiO_2 含量分布在 25.622%～27.300%，平均值为 26.552%；Al_2O_3 含量分布在 17.226%～18.232%，平均值为 17.747%，其余含量均较低（表3-7）。铁镁质量分数变化范围相对较大，硅铝质量分数变化范围相对较小，指示了司家营铁矿床绿泥石存在普遍的铁镁相互置换作用。以 Deer 等（1967）提出的绿泥石硅-铁分类图解（图 3-34）对绿泥石种类进行具体判定，结果显示，大多数样品点均处于铁镁绿泥石区域或边缘上。

表 3-7 司家营铁矿床绿泥石电子探针主量元素分析结果（%）

样品编号	ZKN8-9-2-1	ZKN8-9-2-2	ZKN8-9-2-3	ZKN8-9-2-4	D1007-1-1	D1007-1-2	D1007-1-3	D1007-1-4	D1007-1-5	D1007-1-6	D1007-1-7	D1007-1-8
SiO_2	26.841	27.215	27.300	27.104	26.496	26.912	26.853	26.721	25.715	25.657	25.622	26.186
TiO_2	0.084	0.078	0.046	0.134	0.142	0.180	0.173	0.123	0.024	0.015	—	0.055
Al_2O_3	17.277	17.854	17.753	17.907	17.769	17.226	17.426	17.930	17.989	18.232	17.831	17.764
Cr_2O_3	0.053	0.021	—	0.030	—	—	0.019	0.035	—	—	0.027	0.002
TFeO	30.161	28.154	26.951	26.696	33.227	34.019	35.104	33.326	34.869	35.246	35.740	34.966
MnO	0.311	0.298	0.327	0.266	0.075	0.076	0.083	0.045	0.060	0.035	0.036	0.027
MgO	11.967	13.685	13.931	13.482	8.795	8.505	7.918	9.501	7.877	8.258	7.772	8.332
CaO	0.017	—	0.016	0.016	0.054	0.012	0.004	0.011	0.068	0.042	0.055	0.066
Na_2O	0.009	0.014	0.008	—	0.036	0.009	0.031	0.019	—	0.047	—	0.047
K_2O	0.006	0.005	0.010	0.063	0.075	0.206	0.144	0.062	0.039	0.016	0.009	0.019
以 28 个氧原子为基准计算阳离子数												
Si	5.868	5.833	5.878	5.869	5.872	5.953	5.928	5.844	5.772	5.711	5.754	5.814
Ti	0.014	0.013	0.007	0.022	0.024	0.030	0.029	0.020	0.004	0.003	—	0.009
Cr	0.009	0.004	—	0.005	—	—	0.003	0.006	—	—	0.005	0.000
Fe^{3+}	0.128	0.116	0.158	0.201	0.237	0.241	0.242	0.198	0.177	0.112	0.135	0.162
Fe^{2+}	5.386	4.930	4.695	4.634	5.921	6.053	6.240	5.898	6.369	6.449	6.578	6.331
Mn	0.058	0.054	0.060	0.049	0.014	0.014	0.016	0.008	0.011	0.007	0.007	0.005
Mg	3.900	4.372	4.471	4.352	2.906	2.804	2.606	3.098	2.636	2.740	2.602	2.758
Ca	0.004	—	0.004	0.004	0.013	0.003	0.001	0.003	0.016	0.010	0.013	0.016
Na	0.008	0.012	0.007	—	0.031	0.008	0.027	0.016	—	0.041	—	0.040
K	0.003	0.003	0.005	0.035	0.042	0.116	0.081	0.035	0.022	0.009	0.005	0.011
Al^{iv}	2.132	2.167	2.122	2.131	2.128	2.047	2.072	2.156	2.228	2.289	2.246	2.186
Al^{vi}	2.320	2.343	2.383	2.439	2.514	2.444	2.463	2.466	2.531	2.494	2.474	2.464
总和	19.83	19.847	19.79	19.741	19.702	19.713	19.708	19.748	19.766	19.865	19.819	19.796

注："—"表示低于检测限。

尽管电子探针无法检测矿物中 Fe^{3+} 的含量，但是绿泥石矿物中 Fe^{3+} 含量一般小于总铁含量的 5%（Deer et al.，1967），因此将绿泥石中全铁含量近似代表 Fe^{2+} 含量。再以 28 个氧原子为基准计算出绿泥石的结构式及相应参数（表 3-7），其化学式为 $(K_{0.003\sim0.116}Ca_{0\sim0.016}Na_{0\sim0.041}, Mg_{2.602\sim4.471}Fe^{II}_{4.634\sim6.578}Mn_{0.005\sim0.060}, Al_{2.320\sim2.531}Fe^{III}_{0.112\sim0.242}Cr_{0\sim0.009}Ti_{0\sim0.030})_{11.702\sim11.864}[(Si_{5.711\sim5.953}, Al_{2.047\sim2.289})_8O_{20}](OH)_8$。

c. 角闪石

角闪石测试分析结果见表 3-8，其 TFeO 含量分布在 5.670%～16.355%，平均值为 8.936%；Na_2O 含量分布在 0.521%～5.505%，平均值为 2.112%；MgO 含量分布在 13.832%～20.896%，平均值为 18.628%；K_2O 含量分布在 0.026%～1.312%，平均值为 0.286%；CaO 含量为 2.889%～11.979%，平均值为 8.981%；SiO_2 含量分布在 56.004%～58.899%，平均值为 57.786%；Al_2O_3 含量分布在 0.047%～0.488%，平均值为 0.204%；TiO_2 含量分布在 0～

0.076%，平均值为 0.016%；Cr_2O_3 含量分布在 0～0.048%，平均值为 0.012%；MnO 含量分布在 0.096%～0.348%，平均值为 0.175%。

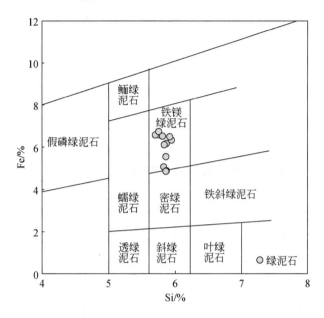

图 3-34 绿泥石硅-铁分类图解

表 3-8 司家营铁矿床角闪石电子探针主量元素分析结果（%）

样品编号	SiO₂	TiO₂	Al₂O₃	Cr₂O₃	TFeO	MnO	MgO	CaO	Na₂O	K₂O	总和
D0006-4-1	58.094	0.011	0.047	—	6.099	0.096	20.739	11.224	0.833	0.113	97.256
D0006-4-2	58.684	0.011	0.081	—	6.037	0.113	20.618	11.089	0.784	0.083	97.500
D0006-4-3	58.392	—	0.103	0.030	5.833	0.164	20.445	11.979	0.539	0.030	97.515
D0006-4-4	58.349	—	0.122	—	6.153	0.119	20.200	11.765	0.521	0.045	97.274
D0006-4-5	58.663	0.002	0.092	0.035	6.335	0.123	20.771	11.153	0.746	0.060	97.980
D0006-4-6	58.320	—	0.142	—	6.306	0.126	20.282	11.790	0.675	0.054	97.695
D0006-4-7	58.246	—	0.133	0.048	6.384	0.130	20.410	11.731	0.699	0.039	97.820
D0006-4-8	58.335	0.016	0.061	0.024	5.670	0.117	20.896	11.362	0.782	0.064	97.327
D0006-6-1	58.529	—	0.117	0.015	6.158	0.137	20.453	11.234	0.659	0.056	97.358
D0006-6-2	57.930	—	0.136	0.042	5.869	0.167	20.414	11.816	0.575	0.026	96.975
D0006-6-3	58.228	—	0.124	0.009	6.654	0.167	20.453	10.747	1.044	0.095	97.521
D0006-6-4	58.899	0.013	0.121	0.007	6.357	0.153	20.437	11.939	0.566	0.038	98.530
D0006-6-5	58.228	—	0.135	0.013	6.850	0.096	20.656	10.110	0.959	0.160	97.207
D0006-6-6	58.234	0.002	0.103	—	6.274	0.120	20.470	10.410	1.168	0.141	96.922
D0006-6-7	58.533	—	0.137	—	6.435	0.148	20.625	10.674	1.164	0.152	97.868
D0006-6-8	58.542	—	0.064	—	5.884	0.151	20.380	11.002	1.028	0.109	97.160
D1013-1-1	56.401	0.076	0.433	0.013	14.690	0.290	14.626	4.190	5.032	0.907	96.658

续表

样品编号	SiO$_2$	TiO$_2$	Al$_2$O$_3$	Cr$_2$O$_3$	TFeO	MnO	MgO	CaO	Na$_2$O	K$_2$O	总和
D1013-1-2	56.004	0.034	0.488	0.023	15.048	0.305	14.405	4.151	5.030	0.898	96.386
D1013-1-3	56.606	0.074	0.444	—	14.420	0.235	14.606	4.007	4.958	1.312	96.662
D1013-1-4	56.085	0.058	0.353	0.002	14.448	0.314	14.604	4.265	4.944	0.817	95.890
D1013-1-5	56.173	0.029	0.396	0.002	14.983	0.348	14.171	4.023	4.887	0.694	95.706
D1013-2-1	56.673	0.042	0.399	—	16.295	0.208	13.832	3.017	5.474	0.377	96.317
D1013-2-2	56.937	—	0.456	0.008	16.355	0.190	13.946	2.889	5.505	0.297	96.583

注："—"表示低于检测限。

以 23 个氧原子为基准计算出角闪石的阳离子数及化学式（表 3-9），其化学式为 $[(K_{0.005\sim0.237}Na_{0\sim0.028})_{0.005\sim0.237}(Na_{0.138\sim1.500}Ca_{0.435\sim1.758})_{1.796\sim2}(Mg_{2.911\sim4.272}Fe^{III}_{0.419\sim1.617}$ $Fe^{II}_{0\sim0.698}Al_{0.008\sim0.082}Mn_{0\sim0.042}Ti_{0\sim0.008}Cr_{0\sim0.005})_{4.852\sim5}Si_4O_{11}]_2(OH)_2$。矿物分类命名按 IMA2003 规则，均属铁阳起石、铁蓝透闪石种，均为富铁角闪石种属。

表 3-9　司家营铁矿床角闪石阳离子数（以 23 个氧原子为基准）

样品编号	Si	Al	Ti	Cr^{3+}	Fe^{3+}	Mg	Fe	Mn	Sum_C	Ca	Na	Sum_B	Na	K	Sum_A
D0006-4-1	8.000	0.008	0.001	—	0.476	4.258	0.226	0.011	4.980	1.656	0.222	1.878	—	0.020	0.020
D0006-4-2	8.000	0.013	0.001	—	0.688	4.190	—	0.013	4.906	1.620	0.207	1.827	—	0.014	0.014
D0006-4-3	8.000	0.017	—	0.003	0.549	4.176	0.120	0.019	4.883	1.758	0.143	1.902	—	0.005	0.005
D0006-4-4	8.000	0.020	—	—	0.642	4.129	0.064	0.014	4.868	1.728	0.138	1.867	—	0.008	0.008
D0006-4-5	8.000	0.015	—	0.004	0.558	4.223	0.165	0.014	4.978	1.630	0.197	1.827	—	0.010	0.010
D0006-4-6	8.000	0.023	—	—	0.505	4.148	0.218	0.015	4.909	1.733	0.180	1.912	—	0.009	0.009
D0006-4-7	8.000	0.022	—	0.005	0.419	4.179	0.314	0.015	4.954	1.726	0.186	1.913	—	0.007	0.007
D0006-4-8	8.000	0.010	0.002	0.003	0.526	4.272	0.124	0.014	4.950	1.670	0.208	1.877	—	0.011	0.011
D0006-6-1	8.000	0.019	—	0.002	0.689	4.168	0.015	0.016	4.908	1.645	0.175	1.820	—	0.010	0.010
D0006-6-2	8.000	0.022	—	0.005	0.465	4.203	0.213	0.020	4.927	1.748	0.154	1.902	—	0.005	0.005
D0006-6-3	8.000	0.020	—	0.001	0.532	4.189	0.233	0.019	4.994	1.582	0.278	1.860	—	0.017	0.017
D0006-6-4	8.000	0.019	0.001	0.001	0.548	4.138	0.174	0.018	4.899	1.737	0.149	1.887	—	0.007	0.007
D0006-6-5	8.000	0.022	—	0.001	0.612	4.231	0.134	—	5.000	1.488	0.255	1.796	—	0.028	0.028
D0006-6-6	8.000	0.017	—	—	0.695	4.192	0.026	0.014	4.944	1.532	0.311	1.843	—	0.025	0.025
D0006-6-7	8.000	0.022	—	—	0.563	4.202	0.173	0.017	4.977	1.563	0.308	1.872	—	0.027	0.027
D0006-6-8	8.000	0.010	—	—	0.672	4.152	—	0.017	4.852	1.611	0.272	1.883	—	0.019	0.019
D1013-1-1	8.000	0.072	0.008	0.001	1.184	3.093	0.558	0.035	4.952	0.637	1.363	2.000	0.021	0.164	0.185
D1013-1-2	8.000	0.082	0.004	0.003	1.099	3.068	0.698	0.037	4.991	0.635	1.365	2.000	0.028	0.164	0.192
D1013-1-3	8.000	0.074	0.008	—	1.318	3.077	0.386	0.028	4.892	0.607	1.359	1.965	—	0.237	0.237
D1013-1-4	8.000	0.059	0.006	—	1.243	3.105	0.481	0.038	4.933	0.652	1.348	2.000	0.019	0.149	0.168
D1013-1-5	8.000	0.066	0.003	—	1.414	3.009	0.371	0.042	4.905	0.614	1.349	1.963	—	0.126	0.126
D1013-2-1	8.000	0.066	0.004	—	1.586	2.911	0.338	0.025	4.930	0.456	1.498	1.954	—	0.068	0.068
D1013-2-2	8.000	0.076	—	0.001	1.617	2.921	0.305	0.023	4.942	0.435	1.500	1.935	—	0.053	0.053

注："—"表示低于检测限。

d. 碳酸盐矿物

碳酸盐矿物主要测试了菱铁矿、白云石、方解石三种，测试分析结果见表 3-10，描述如下。

菱铁矿中 TFeO 含量分布在 59.413%～60.262%，平均值为 59.815%；MgO 含量分布在 0～0.032%，平均值为 0.012%（表 3-10）。以 3 个氧原子为基准计算出菱铁矿的阳离子数及化学式（表 3-11），其化学式为（$Fe_{0.992～0.998}Na_{0～0.011}Mg_{0～0.001}K_{0～0.002}$）$_{1～1.005}$ [CO_3]。研究区菱铁矿接近于纯 $FeCO_3$，仅见少部分 Fe^{2+} 被 Mg^{2+} 代替。

表 3-10　司家营铁矿床碳酸盐矿物电子探针主量元素分析结果（%）

样品编号	SiO_2	TiO_2	Al_2O_3	Cr_2O_3	TFeO	MnO	MgO	CaO	Na_2O	K_2O	总和
菱铁矿											
ZKN8-9-4-1	0.001	0.003	—	—	59.877	—	0.032	—	0.244	0.040	60.197
ZKN8-9-4-2	0.026	0.009	—	—	59.413	—	0.015	0.013	0.263	0.083	59.822
ZKN8-9-4-3	—	—	—	0.019	59.990	0.001	—	0.035	0.193	0.034	60.272
ZKN8-9-4-4	0.026	—	—	0.024	59.670	—	0.006	—	0.289	0.011	60.026
ZKN8-9-4-5	—	0.017	—	0.030	60.262	—	0.019	—	0.007	0.008	60.343
ZKN8-9-4-6	0.011	—	0.011	—	59.677	0.014	—	—	0.002	0.041	59.756
白云石											
D1003-2-1	—	0.004	0.011	—	19.125	0.614	11.573	30.707	—	0.005	62.039
D1003-2-2	—	0.009	0.001	—	18.294	0.272	9.177	27.714	—	0.007	55.474
D1003-2-3	—	0.030	—	—	18.204	0.355	9.307	28.037	—	—	55.933
D1003-2-4	—	—	—	0.021	20.016	0.208	9.072	28.483	—	0.015	57.815
D1003-2-5	—	0.002	—	0.006	17.582	0.235	10.644	27.585	0.004	—	56.058
D1013-2-1	—	0.031	0.004	—	9.714	1.847	14.855	35.020	0.023	—	61.494
方解石											
D1007-1-1	—	0.018	0.006	0.023	0.443	0.870	0.633	54.623	0.032	0.033	56.681
D1007-1-2	—	—	0.016	—	0.628	1.282	0.898	53.991	—	—	56.815
D1007-1-3	0.569	—	0.058	—	9.569	1.086	0.755	45.093	0.029	0.013	57.172
D1007-1-4	—	0.006	—	—	0.760	0.843	0.759	54.908	0.011	0.001	57.288
D1007-1-5	—	0.008	—	0.015	1.674	0.947	0.683	52.416	—	0.002	55.745
D1007-1-6	0.060	0.029	0.022	—	2.739	0.952	1.169	49.166	—	0.012	54.149
D1007-1-7	0.041	0.004	0.052	—	2.998	1.249	1.298	50.090	—	—	55.732
ZKN8-9-4-1	—	—	—	0.025	0.521	0.434	0.242	55.194	0.004	—	56.420
ZKN8-9-4-2	—	—	—	—	0.382	0.305	0.134	55.883	0.002	—	56.706
ZKN8-9-4-3	—	0.012	0.023	0.001	0.541	0.367	0.193	55.159	0.017	—	56.313
ZKN8-9-4-4	—	—	—	0.009	0.464	0.751	0.329	55.743	0.022	0.007	57.325

注："—"表示低于检测限。

白云石中 TFeO 含量分布在 9.714%～20.016%，平均值为 17.156%；MgO 含量分布在 9.072%～14.855%，平均值为 10.771%；CaO 含量为 27.585%～35.020%，平均值为 29.591%；

MnO 含量分布在 0.208%~1.847%，平均值为 0.589%（表 3-10）。以 6 个氧原子为基准计算出白云石的阳离子数及化学式（表 3-12），其化学式为（$Ca_{0.980~1.081}$）（$Fe_{0.234~0.549}Mg_{0.443~0.638}$ $Mn_{0.006~0.045}K_{0~0.001}Na_{0~0.001}Ti_{0~0.001}Cr_{0~0.001}$）[$CO_3$]$_2$。白云石中常有 Fe^{2+} 代替部分 Mg^{2+}，Fe^{2+} 代替 Mg^{2+} 的比例超过 1:1 时，为铁白云石，故研究区白云石主要为铁白云石及含铁白云石。

方解石以 CaO 为主，含量分布在 45.093%~55.883%，平均值为 52.933%；此外含有少量的 FeO、MgO、MnO，分别分布在 0.382%~9.569%、0.134%~1.298%、0.305%~1.282%，平均值分别为 1.884%、0.645%、0.826%（表 3-10）。以 3 个氧原子为基准计算出方解石的阳离子数及化学式（表 3-11），其化学式为（$Ca_{0.810~0.987}Mg_{0.003~0.033}Fe_{0.005~0.134}Mn_{0.004~0.018}$ $Na_{0~0.001}Al_{0~0.001}$）$_{0.981~1}$[CO_3]。

表 3-11 司家营铁矿床碳酸盐矿物计算阳离子结果

Ti	Fe^{2+}	Mn	Mg	Ca	Na	K	总和
菱铁矿（以 3 个氧原子为基准计算）							
—	0.994	—	0.001	—	0.009	0.001	1.005
—	0.992	—	—	—	0.01	0.002	1.004
—	0.995	—	—	0.001	0.007	0.001	1.004
—	0.993	—	—	—	0.011	—	1.004
—	0.998	—	0.001	—	—	—	0.999
—	0.998	—	—	—	—	0.001	0.999
白云石（以 6 个氧原子为基准计算）							
—	0.48	0.016	0.517	0.987	—	—	2
—	0.519	0.008	0.464	1.008	—	—	1.999
0.001	0.512	0.01	0.466	1.01	—	—	1.998
—	0.549	0.006	0.443	1.001	—	0.001	2
—	0.487	0.007	0.526	0.98	—	—	2
0.001	0.234	0.045	0.638	1.081	0.001	—	1.999
方解石（以 3 个氧原子为基准计算）							
—	0.006	0.012	0.016	0.964	0.001	0.001	1
—	0.009	0.018	0.022	0.951	—	—	1
—	0.134	0.015	0.019	0.81	0.001	—	0.979
—	0.01	0.012	0.018	0.959	—	—	0.999
—	0.024	0.014	0.017	0.945	—	—	1
—	0.04	0.014	0.03	0.913	—	—	0.997
—	0.042	0.018	0.033	0.904	—	—	0.997
—	0.007	0.006	0.006	0.98	—	—	0.999
—	0.005	0.004	0.003	0.987	—	—	0.999
—	0.008	0.005	0.005	0.981	0.001	—	1
—	0.006	0.01	0.008	0.975	0.001	—	1

注："—"表示低于检测限。

3.5　矿床后期改造作用

　　司家营铁矿床除前期沉积阶段外，由于新太古代地壳较薄，还经历了后期变质改造阶段，在含铁建造形成后，区域上发生了大面积的区域变质变形作用，峰期变质为绿帘-角闪岩相甚至达到了角闪岩相，伴随着长期多次的构造作用、变质作用和混合岩化作用，使得原始简单层状的岩层和矿层遭受了褶皱、断裂、透镜体化、塑性变形等改造作用（图3-35），形成了复杂多样的矿体形态和矿带分布格局。

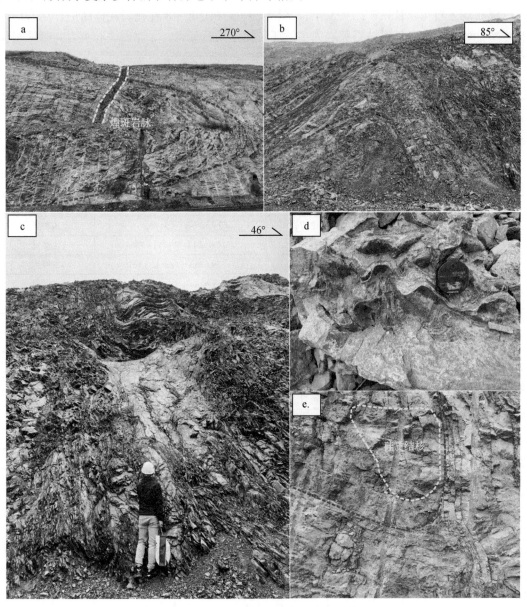

图 3-35　司家营铁矿床改造作用野外特征

a. 叠加构造；b. 背形；c. 揉皱；d、e. 塑性变形改造

第4章 矿床地球化学特征

4.1 样品采集与分析

样品均采自司家营铁矿床（表4-1，图4-1），一共选取18件代表性样品进行全岩地球化学特征研究，矿石以磁铁石英岩为主，还包括赤铁石英岩、绿泥磁铁石英岩、磁铁二长石英岩，围岩包括黑云变粒岩、黑云斜长变粒岩、钾长变粒岩、绿泥变粒岩等。

表4-1 司家营铁矿床样品基本特征

序号	样品编号	岩性	采样位置	分析方法
1	D1006-H1	钾长变粒岩	X: 39.6939 Y: 118.7553	主微量
2	D1009-H1	绿泥变粒岩	X: 39.6950 Y: 118.7536	主微量
3	ZKN18-10-H1	钾长变粒岩	ZKN18-10（1172m）	主微量
4	ZKN18-10-H7	黑云变粒岩	ZKN18-10（738.1m）	主微量
5	ZKN18-10-H14	黑云斜长变粒岩	ZKN18-10（496.8m）	主微量
6	ZKN26-11-H9	黑云斜长变粒岩	ZKN26-11（949m）	主微量
7	D1003-H2	赤铁石英岩	X: 39.6918 Y: 118.7564	主微量
8	D0006-H1	磁铁石英岩	X: 39.6783 Y: 118.7519	主微量
9	D0006-H4	磁铁石英岩	X: 39.6783 Y: 118.7520	主微量
10	D1007-H1	绿泥磁铁石英岩	X: 39.6942 Y: 118.7550	主微量
11	D1007-H2	磁铁石英岩	X: 39.6943 Y: 118.7550	主微量
12	D1007-H3	磁铁石英岩	X: 39.6945 Y: 118.7548	主微量
13	D1013-H1	磁铁石英岩	X: 39.6917 Y: 118.7533	主微量
14	D1013-H2	磁铁石英岩	X: 39.6917 Y: 118.7534	主微量
15	ZKN8-9-H3	磁铁石英岩	ZKN18-9（455m）	主微量
16	ZKN18-10-H8	磁铁二长石英岩	ZKN18-10（682.5m）	主微量
17	ZKN26-9-H10	磁铁石英岩	ZKN18-9（590m）	主微量
18	ZKN26-11-H15	磁铁石英岩	ZKN18-9（1406m）	主微量

全岩地球化学数据分析在武汉上谱分析科技有限责任公司完成。

全岩主量元素分析的样品在前处理时采用熔融法制作玻璃熔片，助熔剂为四硼酸锂-偏硼酸锂-氟化锂（45：10：5），氧化剂为硝酸铵，脱模剂为溴化锂。熔融温度1050℃，熔样时长15min。分析仪器使用日本理学（Rigaku）公司生产的ZSX Primus II型波长色散X射线荧光光谱仪（XRF），4.0kW端窗铑靶X射线光管，测试条件为电压50kV，电流60mA，主量元素分析谱线均为Kα，标准曲线使用国家标准物质岩石系列GBW07101-14、土壤系列GSS07401-08、水系沉积物系列GBW07302-12建立。数据校正采用理论α系数法，测试相对标准偏差（RSD）＜2%。

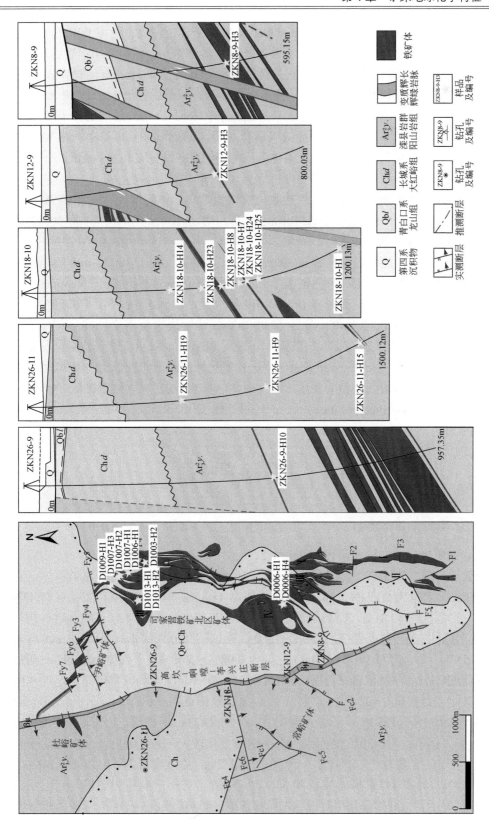

图4-1　司家营铁矿床采样位置图

全岩微量元素含量则是利用 Agilent 7700e ICP-MS 分析完成。先将 200 目样品置于 105℃烘箱中烘干 12h；之后准确称取粉末样品 50mg 置于 Teflon 溶样弹中；然后先后依次缓慢加入 1mL 高纯硝酸（HNO_3）和 1mL 高纯氢氟酸（HF）；再将 Teflon 溶样弹放入钢套，拧紧后置于 190℃烘箱中加热 24h 以上；待溶样弹冷却，开盖后置于 140℃电热板上蒸干，然后加入 1mL HNO_3 并再次蒸干；之后加入 1mL 高纯 HNO_3、1mL 超纯水和 1mL 内标 In（浓度为 $1×10^{-6}$），再次将 Teflon 溶样弹放入钢套，拧紧后置于 190℃烘箱中加热 12h 以上；最后将溶液转入聚乙烯料瓶中，并用 2%HNO_3 稀释至 100g 以备 ICP-MS 测试。

铁、氧同位素前处理与测试由澳实分析检测（广州）有限公司完成。

铁同位素比值测定所用仪器为多道接收电感耦合等离子体质谱仪（MC-ICP-MS），样品通过 HNO_3-HF-HCl 消解分解。称取 0.100g 样品，用 6mL 3M 的 HCl（1 份 30%盐酸+2 份水）于 50℃提取 3h，离心分离。残留物用 0.5mL 浓 HF 和 1.5mL 浓 HNO_3 溶解，于（20±1）℃下保持两天。将溶液转移至铁氟龙烧杯中，在电热板上蒸干，加入 4mL 7M 的 HCl，通过离子交换柱，把铁分离出来，用 MC-ICP-MS（型号：Thermo Scientific^{TM} NeptunePlus^{TM}）进行检测。数据经铁同位素国际标样 IRMM-014 标准化，得到 δ^{56}Fe 和 $\delta^{57/54}$Fe 值。

氧同位素测定所用仪器为 Finnigan MAT-252 气体同位素质谱仪。按照 Clayton 和 Mayeda（1963）所描述的 BrF_5 提取氧的流程，采用 Finnigan MAT-252 测定氧同位素。称取约 5mg 样品与 BrF_5，于 550~600℃条件下进行氧化还原反应 12h 以上，收集析出的氧，经过高温石墨棒转化为 CO_2，然后采用 Finnigan MAT-252 测定氧同位素比值 ^{18}O/^{16}O，数据经 V-SMOW（Vienna standard mean ocean water）标准化，得到 δ^{18}O 值（‰），典型的测试精密度为 SD＜0.3‰。

4.2　主量元素特征

1. 矿石主量元素特征

司家营铁矿床样品主量元素含量见表 4-2。

司家营铁矿床矿石 SiO_2 含量变化较小，为 39.09%~58.72%，平均值为 48.97%，总体偏基性；TFe_2O_3 含量为 20.74%~58.74%，平均值为 41.85%；SiO_2+TFe_2O_3 含量为 77.43%~100.64%，平均值为 90.81%，略高于冀东地区平均值（88.06%），暗示了较强硅铁组合，其中 SiO_2 主要以石英形式赋存，TFe_2O_3 主要以磁铁矿和赤铁矿形式赋存。CaO 含量为 0.22%~6.55%，平均值为 1.97%；MgO 含量为 0.08%~5.48%，平均值为 2.09%，可能暗示了其深源的特征，特别是司家营铁矿床 SiO_2+TFe_2O_3+MgO 平均含量很高，超过 90%，而其他氧化物含量很低，一般在 10%以内。TiO_2 含量为 0.005%~0.516%，平均值为 0.090%；MnO 含量为 0.014%~0.293%，平均值为 0.103%，MnO/TFe_2O_3 很低，比值均小于 0.01，平均值为 0.003，指示了明显的热液成因。Al_2O_3 含量变化较大，为 0.007%~9.955%，平均值为 2.406%；Na_2O 含量为 0~0.794%，平均值为 0.212%；K_2O 含量为 0.012%~8.148%，平均值为 0.917%，司家营铁矿床的 K_2O 和 Na_2O 含量均高于鞍山-本溪地区铁矿床且 Na_2O 小于 K_2O，可能暗示了混合岩化作用对于冀东司家营地区影响更为显著。P_2O_5 含量为 0.054%~

表 4-2 司家营铁矿床样品主量元素含量（%）

样品性质	样品名称	SiO₂	TiO₂	Al₂O₃	TFe₂O₃	MnO	MgO	CaO	Na₂O	K₂O	P₂O₅	LOI	SUM
钾长变粒岩	D1006-B1	65.02	0.454	14.590	5.43	0.061	2.97	1.84	2.492	3.427	0.145	3.22	99.65
绿泥变粒岩	D1009-B1	63.49	0.497	14.990	5.99	0.059	3.23	1.51	2.412	4.893	0.172	2.05	99.28
钾长变粒岩	ZKN18-10-B1	63.94	0.476	15.159	5.90	0.067	2.49	2.17	3.830	3.620	0.185	1.58	99.42
黑云变粒岩	ZKN18-10-B7	67.01	0.341	13.084	4.38	0.080	2.35	1.86	3.206	4.433	0.158	2.95	99.85
黑云斜长变粒岩	ZKN18-10-B14	63.35	0.510	14.760	6.32	0.077	3.87	2.30	4.352	2.292	0.146	1.78	99.75
黑云斜长变粒岩	ZKN26-11-B9	66.07	0.419	13.856	5.12	0.067	2.57	3.30	3.539	2.944	0.143	2.01	100.03
赤铁石英岩	D1003-B2	44.10	0.008	0.246	47.23	0.076	1.44	2.50	0.023	0.016	0.057	3.37	99.07
磁铁石英岩	D0006-B1	48.47	0.005	0.153	52.17	0.014	0.08	0.22	0.000	0.023	0.067	-0.99	100.22
磁铁石英岩	D0006-B4	39.09	0.011	0.007	58.74	0.048	1.98	1.17	0.077	0.016	0.113	-1.55	99.69
绿泥磁铁石英岩	D1007-B1	58.72	0.251	9.955	20.74	0.048	5.35	0.33	0.000	0.151	0.076	4.74	100.36
磁铁石英岩	D1007-B2	43.69	0.009	0.171	46.06	0.112	0.17	4.39	0.000	0.018	0.071	4.72	99.40
磁铁石英岩	D1007-B3	43.59	0.007	0.162	51.68	0.074	2.30	1.09	0.021	0.012	0.081	0.51	99.53
磁铁石英岩	D1013-B1	47.22	0.035	0.874	47.66	0.124	1.41	1.24	0.446	0.695	0.239	-0.47	99.47
磁铁石英岩	D1013-B2	55.69	0.164	9.234	22.80	0.051	1.99	0.82	0.584	8.148	0.127	0.71	100.32
磁铁石英岩	ZKN8-9-B3	54.23	0.029	0.660	42.52	0.144	1.48	1.23	0.075	0.098	0.157	-0.57	100.05
磁铁二长石英岩	ZKN18-10-B8	49.44	0.026	1.228	44.25	0.089	1.61	1.51	0.380	0.967	0.132	0.10	99.73
磁铁石英岩	ZKN26-9-B10	50.66	0.024	0.389	43.61	0.293	1.74	2.54	0.147	0.042	0.054	0.41	99.91
磁铁石英岩	ZKN26-11-B15	52.73	0.516	5.799	24.70	0.162	5.48	6.55	0.794	0.814	0.098	1.86	99.50

0.239%，平均值为 0.106%（去除烧失量后数据）。

在主量元素划分三角图中，司家营铁矿床大部分矿石样品投图落点在前寒武纪沉积变质型铁矿床分布范围内，仅有极少数在范围外边缘部分（图 4-2）。与前寒武纪沉积变质型铁矿床的典型矿床特征相吻合。

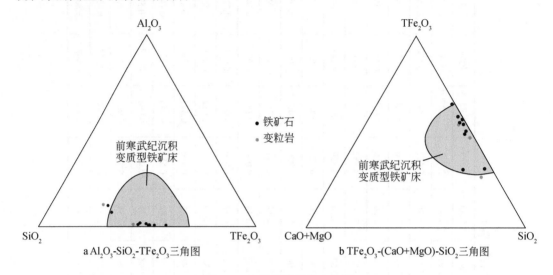

图 4-2　主量元素划分三角图

a. 底图据 Lepp 和 Goldich（1964）；b. 底图据 Govett（1966）

2. 围岩主量元素特征

司家营围岩的 SiO_2 含量为 63.35%～67.01%，平均值为 64.81%；TFe_2O_3 含量为 4.38%～6.32%，平均值为 5.52%；CaO 含量为 1.51%～3.30%，平均值为 2.16%；MgO 含量为 2.35%～3.87%，平均值为 2.91%；Na_2O 含量为 2.412%～4.352%，平均值为 3.305%；K_2O 含量为 2.292%～4.893%，平均值为 3.601%；Al_2O_3 含量为 13.084%～15.159%，平均值为 14.7%；TiO_2 含量为 0.341%～0.510%，平均值为 0.450%；P_2O_5 含量为 0.143%～0.185%，平均值为 0.158%；MnO 含量为 0.059%～0.080%，平均值为 0.069%。围岩 Al_2O_3、TiO_2 含量较高，而 TFe_2O_3、MnO 含量较低，说明围岩成岩过程受到陆源碎屑影响较高（杨帆等，2022）。

据［（al+fm）-（c+alk）］-si 图解（Simonen，1953）、Si-Mg 图解（Kamp and Beakhouse，1979）、TiO_2-SiO_2 图解（Tarney，1976）、Zr/TiO_2-Nb/Y 图解（Winchester and Floyd，1997）对司家营铁矿床的围岩投图进行原岩分析。图 4-3a 显示该样品均投在火山岩-泥质沉积岩区，图 4-3b 显示该样品投在岩浆岩区同时也有沉积岩趋势，图 4-3c 显示该样品均投在火成岩区，图 4-3d 显示该样品投在流纹英安岩/英安岩区。综合以上分析得到司家营变粒岩的原岩为泥质岩-英安岩。

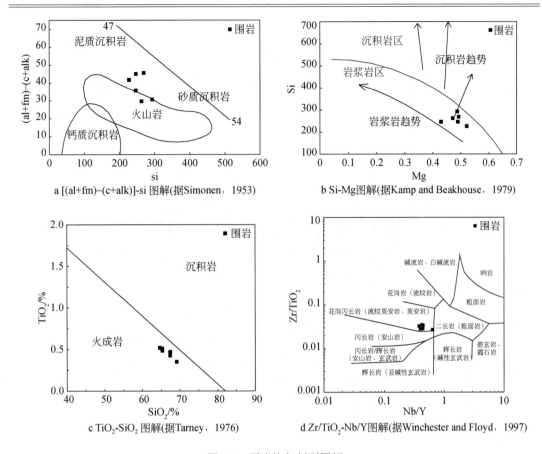

图 4-3　原岩恢复判别图解

4.3　微量元素特征

1. 矿石微量元素特征

测试微量元素包括 Li、Be、Sc、V、Cr、Co、Ni、Cu、Zn、Ga、Rb、Sr、Zr、Nb、Sn、Cs、Ba、Hf、Ta、Tl、Pb、Th 和 U。通过微量元素测试结果（表 4-3）可知，Li 含量为 $2.21×10^{-6}$～$82.02×10^{-6}$，平均值为 $14.10×10^{-6}$；Be 含量为 $0.15×10^{-6}$～$1.86×10^{-6}$，平均值为 $0.73×10^{-6}$；Sc 含量为 $0.22×10^{-6}$～$13.28×10^{-6}$，平均值为 $2.21×10^{-6}$；V 含量为 $1.86×10^{-6}$～$163.09×10^{-6}$，平均值为 $20.78×10^{-6}$；Cr 含量为 $0.48×10^{-6}$～$68.05×10^{-6}$，平均值为 $11.18×10^{-6}$；Co 含量为 $0.17×10^{-6}$～$28.47×10^{-6}$，平均值为 $3.56×10^{-6}$；Ni 含量为 $0.86×10^{-6}$～$56.70×10^{-6}$，平均值为 $9.16×10^{-6}$；Cu 含量为 $0.11×10^{-6}$～$33.56×10^{-6}$，平均值为 $4.00×10^{-6}$；Zn 含量为 $1.55×10^{-6}$～$96.82×10^{-6}$，平均值为 $19.58×10^{-6}$；Ga 含量为 $0.18×10^{-6}$～$12.68×10^{-6}$，平均值为 $3.44×10^{-6}$；Rb 含量为 $0.11×10^{-6}$～$397.78×10^{-6}$，平均值为 $43.40×10^{-6}$；Sr 含量为 $3.64×10^{-6}$～$106.00×10^{-6}$，平均值为 $33.80×10^{-6}$；Zr 含量为 $0.75×10^{-6}$～$116.30×10^{-6}$，平均值为 $27.16×10^{-6}$；Nb 含量为 $0.06×10^{-6}$～$6.07×10^{-6}$，平均值为 $1.46×10^{-6}$；Sn 含量为 $0.04×10^{-6}$～$1.00×10^{-6}$，平均值为 $0.34×10^{-6}$；Cs 含量为

表 4-3 司家营铁矿床样品微量元素和稀土元素含量（×10⁻⁶）

元素	D1006-H 黑云斜长变粒岩	D1009-H 钾长变粒岩	ZKN18-10-H1 绿泥石英变粒岩	ZKN18-10-H7 钾长变粒岩	ZKN18-10-H14 黑云变粒岩	ZKN26-1-H9 黑云斜长变粒岩	D1003-H2 赤铁石英岩	D0006-H1 磁铁石英岩	D0006-H4 磁铁石英岩	D1007-H1 绿泥石英岩	D1007-H2 磁铁石英岩	D1007-H3 磁铁石英岩	D1013-H1 磁铁石英岩	D1013-H2 磁铁石英岩	ZKN8-9-H3 磁铁石英岩	ZKN18-10-H8 磁铁二长石英岩	ZKN26-9-H10 磁铁石英岩	ZKN26-11-H15 磁铁石英岩
Li	33.02	39.36	61.05	34.09	51.45	33.44	2.86	2.21	8.84	82.02	2.24	4.69	12.65	13.52	5.77	7.89	6.99	19.58
Be	1.82	1.81	1.55	1.13	3.30	1.69	0.20	0.34	0.53	0.92	0.15	0.35	0.93	1.86	0.71	1.01	0.88	0.92
Sc	10.34	12.07	11.19	9.14	9.05	10.52	0.21	0.31	0.26	5.41	0.22	0.26	1.24	1.87	1.15	0.92	1.42	13.28
V	79.03	89.22	85.94	59.13	89.55	82.41	3.22	2.16	1.86	36.42	6.13	2.92	6.32	6.57	5.96	4.75	9.91	163.09
Cr	129.89	120.14	112.13	99.16	159.07	139.26	0.76	1.74	0.67	44.73	2.25	0.48	2.21	4.50	3.60	2.34	2.81	68.05
Co	15.66	17.30	16.73	18.70	23.69	16.35	0.91	0.36	0.17	5.50	1.22	0.51	0.95	1.46	0.66	1.04	1.56	28.41
Ni	46.60	46.19	46.56	42.64	68.42	47.03	4.64	1.79	0.86	29.38	3.24	1.15	1.54	2.45	3.00	1.63	3.56	56.70
Cu	28.96	47.12	41.81	3.06	66.66	30.44	5.12	0.86	0.11	0.48	0.88	0.41	0.44	0.97	2.90	0.67	1.64	33.56
Zn	77.12	73.41	67.13	43.45	45.43	64.48	6.57	1.55	2.39	96.82	13.14	10.55	8.55	11.39	15.54	6.56	9.81	52.10
Ga	18.64	18.73	19.19	13.62	17.38	18.33	1.05	0.52	0.18	11.77	0.61	0.69	1.72	7.78	1.20	1.56	1.53	12.68
Rb	139.83	127.78	148.60	155.80	95.44	111.19	0.11	0.63	0.16	7.85	0.46	0.18	34.96	397.78	5.90	43.46	3.05	26.30
Sr	225.45	232.71	454.82	113.78	417.01	436.18	12.82	3.64	8.46	6.88	10.77	9.82	58.28	42.79	23.33	45.08	77.77	106.00
Zr	134.31	143.11	168.99	120.93	139.70	138.92	1.82	1.15	0.75	113.44	1.08	0.94	17.43	116.30	7.05	13.99	3.23	48.80
Nb	6.45	7.07	7.16	5.75	6.06	6.18	0.07	0.07	0.06	6.07	0.18	0.12	1.11	4.84	0.40	0.58	0.56	3.49
Sn	1.25	1.35	1.34	0.93	5.36	1.26	0.07	0.08	0.04	0.89	0.09	0.06	0.28	1.00	0.14	0.17	0.27	1.00
Cs	3.23	3.45	5.63	0.75	3.94	3.63	0.01	0.10	0.04	0.51	0.02	0.06	0.74	4.82	0.67	0.33	0.35	2.75
Ba	630.97	695.17	913.63	722.33	266.15	671.47	1.03	4.30	0.74	12.92	8.92	1.14	154.74	63.94	3.47	8.76	1.31	143.51
Hf	3.66	3.91	4.36	3.34	3.88	3.49	0.04	0.03	0.02	3.05	0.03	0.04	0.47	3.67	0.16	0.43	0.09	1.38
Ta	0.55	0.59	0.60	0.72	0.48	0.49	0.01	0.00	0.00	0.54	0.01	0.01	0.09	0.63	0.03	0.07	0.03	0.36
Tl	0.77	0.70	0.83	0.69	0.43	0.61	0.01	0.01	0.00	0.04	0.01	0.01	0.06	0.44	0.03	0.09	0.01	0.25
Pb	10.53	11.95	15.40	4.25	11.84	13.85	0.44	0.60	0.47	0.75	0.62	0.29	3.13	8.10	1.10	3.19	0.70	4.09
Th	9.51	9.92	10.09	9.27	7.61	11.13	0.05	0.06	0.03	9.35	0.11	0.03	1.94	16.35	0.47	1.05	0.17	2.29
U	4.11	3.07	3.65	4.31	1.45	4.09	0.18	0.42	0.02	1.62	2.35	0.05	0.86	1.31	0.23	0.37	0.15	1.33

续表

元素	D1006-H1 黑云斜长变粒岩	D1009-H1 钾长变粒岩	ZKN18-10-H1 绿泥变粒岩	ZKN18-10-H7 钾长变粒岩	ZKN18-10-H14 黑云变粒岩	ZKN26-1-H9 黑云斜长变粒岩	D1003-H1 赤铁石英岩	D0006-H1 磁铁石英岩	D0006-H4 磁铁石英岩	D1007-H1 绿泥磁铁石英岩	D1007-H2 磁铁石英岩	D1007-H3 磁铁石英岩	D1013-H1 磁铁石英岩	D1013-H2 磁铁石英岩	ZKN8-9-H3 磁铁石英岩	ZKN18-10-H8 磁铁二长石英岩	ZKN26-9-H10 磁铁石英岩	ZKN26-1-H15 磁铁石英岩
La	26.83	29.30	29.21	9.92	18.78	26.95	1.31	1.19	1.89	17.23	1.03	1.40	10.95	27.63	4.31	6.26	2.62	6.87
Ce	53.43	58.29	58.20	22.12	36.54	52.66	2.97	2.11	2.98	35.79	1.87	2.28	22.67	51.50	7.89	10.85	5.02	15.81
Pr	6.03	6.65	6.50	2.52	3.98	5.86	0.37	0.25	0.36	3.88	0.23	0.27	2.43	5.18	0.92	1.21	0.61	1.90
Nd	22.25	25.27	24.97	9.88	14.29	21.92	1.64	1.08	1.49	13.84	1.05	1.17	9.74	17.37	3.49	4.32	2.56	8.14
Sm	4.10	4.72	4.75	2.29	2.66	4.33	0.40	0.27	0.30	2.36	0.26	0.21	1.90	2.64	0.69	0.79	0.51	1.87
Eu	0.99	1.23	1.17	0.68	0.70	1.02	0.15	0.09	0.24	0.54	0.12	0.09	0.54	0.49	0.22	0.24	0.22	0.64
Gd	3.14	3.76	3.54	2.17	1.85	3.28	0.50	0.40	0.46	1.88	0.31	0.33	1.84	1.85	0.78	0.79	0.62	1.85
Tb	0.47	0.56	0.54	0.38	0.28	0.51	0.07	0.06	0.07	0.32	0.05	0.04	0.29	0.31	0.13	0.13	0.10	0.30
Dy	2.59	3.27	2.91	2.29	1.59	2.80	0.42	0.41	0.46	2.03	0.35	0.36	1.77	1.72	0.85	0.75	0.61	1.85
Ho	0.50	0.65	0.59	0.48	0.32	0.53	0.09	0.10	0.12	0.41	0.09	0.08	0.40	0.33	0.20	0.17	0.14	0.40
Er	1.46	1.73	1.57	1.39	0.93	1.50	0.24	0.30	0.35	1.23	0.27	0.26	1.13	0.97	0.58	0.54	0.42	1.08
Tm	0.20	0.25	0.22	0.21	0.14	0.22	0.03	0.04	0.05	0.19	0.04	0.04	0.15	0.14	0.08	0.07	0.07	0.16
Yb	1.39	1.62	1.49	1.45	0.99	1.42	0.20	0.28	0.37	1.24	0.25	0.27	0.98	0.92	0.57	0.52	0.48	0.99
Lu	0.20	0.24	0.23	0.22	0.15	0.21	0.03	0.05	0.06	0.19	0.04	0.05	0.14	0.14	0.09	0.08	0.09	0.15
Y	14.71	17.66	16.87	12.97	9.46	16.23	4.02	4.41	5.15	13.00	4.34	3.80	13.94	10.20	6.97	6.55	5.58	11.77
ΣREE	123.56	137.53	135.89	56.00	83.19	123.20	8.41	6.63	9.19	81.12	5.97	6.86	54.92	111.21	20.79	26.74	14.08	42.02
LREE	113.63	125.46	124.81	47.41	76.94	112.73	6.85	4.99	7.24	73.63	4.57	5.41	48.22	104.81	17.52	23.67	11.55	35.24
HREE	9.93	12.07	11.08	8.59	6.25	10.47	1.56	1.63	1.94	7.49	1.40	1.44	6.69	6.40	3.27	3.07	2.53	6.78
LREE/HREE	11.44	10.39	11.26	5.52	12.32	10.77	4.38	3.05	3.73	9.84	3.25	3.75	7.20	16.38	5.35	7.70	4.56	5.20
La_N/Yb_N	1.43	1.33	1.44	0.50	1.40	1.40	0.48	0.31	0.37	1.03	0.30	0.38	0.83	2.20	0.56	0.88	0.40	0.51
Eu/Eu*	1.28	1.36	1.33	1.42	1.46	1.27	1.52	1.21	2.95	1.20	2.03	1.58	1.34	1.03	1.39	1.42	1.85	1.60
Ce/Ce*	0.97	0.96	0.97	1.02	0.97	0.96	0.97	0.89	0.84	1.01	0.89	0.85	1.01	0.99	0.91	0.91	0.91	1.01
La/La*	1.10	1.16	1.22	1.13	1.11	1.17	1.46	1.88	1.80	1.02	2.35	2.05	1.36	1.10	1.21	1.20	1.46	1.37
Y/Y*	1.03	0.97	1.03	0.98	1.06	1.06	1.68	1.72	1.78	1.13	2.00	1.75	1.32	1.07	1.36	1.45	1.50	1.09
Y/Ho	29.63	27.36	28.76	26.76	29.69	30.58	46.09	43.05	44.25	31.67	50.77	95.84	34.96	30.53	33.35	37.96	38.75	29.30

$0.01×10^{-6}$～$4.82×10^{-6}$，平均值为 $0.87×10^{-6}$；Ba 含量为 $0.74×10^{-6}$～$154.74×10^{-6}$，平均值为 $33.73×10^{-6}$；Hf 含量为 $0.02×10^{-6}$～$3.67×10^{-6}$，平均值为 $0.78×10^{-6}$；Ta 含量为 $0.00×10^{-6}$～$0.63×10^{-6}$，平均值为 $0.15×10^{-6}$；Tl 含量为 $0.00×10^{-6}$～$0.44×10^{-6}$，平均值为 $0.08×10^{-6}$；Pb 含量为 $0.29×10^{-6}$～$8.10×10^{-6}$，平均值为 $1.96×10^{-6}$；Th 含量为 $0.03×10^{-6}$～$16.35×10^{-6}$，平均值为 $2.66×10^{-6}$；U 含量为 $0.02×10^{-6}$～$2.35×10^{-6}$，平均值为 $0.74×10^{-6}$。其中 Th、Zr、Hf、Sc 等元素的含量都非常低，可以排除壳源物质的污染。

在司家营铁矿床矿石样品原始地幔标准化蛛网图上（图 4-4），矿石的大离子亲石元素 Ba、Sr，高场强元素 Nb、Ta、Zr、Hf、Ti 明显亏损，而元素 Rb、U、La、Pb、Eu 呈正异常。矿石之间的微量元素配分模式趋势相似，表明具有一致的成矿物质来源。

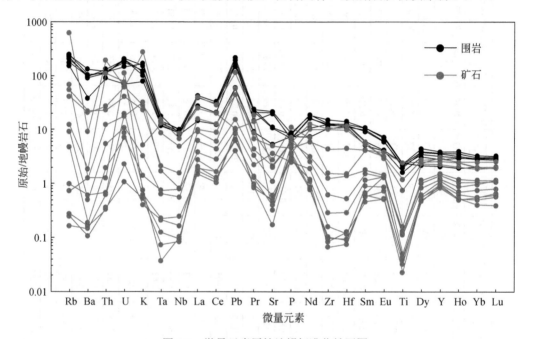

图 4-4　微量元素原始地幔标准化蛛网图

2. 围岩微量元素特征

由表 4-3 可知，Li 含量为 $33.02×10^{-6}$～$61.05×10^{-6}$，平均值为 $42.07×10^{-6}$；Be 含量为 $1.13×10^{-6}$～$3.30×10^{-6}$，平均值为 $1.88×10^{-6}$；Sc 含量为 $9.05×10^{-6}$～$12.07×10^{-6}$，平均值为 $10.38×10^{-6}$；V 含量为 $59.13×10^{-6}$～$89.55×10^{-6}$，平均值为 $80.88×10^{-6}$；Cr 含量为 $99.16×10^{-6}$～$159.07×10^{-6}$，平均值为 $126.61×10^{-6}$；Co 含量为 $15.66×10^{-6}$～$23.69×10^{-6}$，平均值为 $18.07×10^{-6}$；Ni 含量为 $42.64×10^{-6}$～$68.42×10^{-6}$，平均值为 $49.57×10^{-6}$；Cu 含量为 $3.06×10^{-6}$～$66.66×10^{-6}$，平均值为 $36.34×10^{-6}$；Zn 含量为 $43.45×10^{-6}$～$77.12×10^{-6}$，平均值为 $61.84×10^{-6}$；Ga 含量为 $13.62×10^{-6}$～$19.19×10^{-6}$，平均值为 $17.65×10^{-6}$；Rb 含量为 $95.44×10^{-6}$～$155.80×10^{-6}$，平均值为 $129.77×10^{-6}$；Sr 含量为 $113.78×10^{-6}$～$454.82×10^{-6}$，平均值为 $313.32×10^{-6}$；Zr 含量为 $120.93×10^{-6}$～$168.99×10^{-6}$，平均值为 $140.99×10^{-6}$；Nb 含量为 $5.75×10^{-6}$～$7.16×10^{-6}$，平均值为 $6.44×10^{-6}$；Sn 含量为 $0.93×$

$10^{-6} \sim 5.36 \times 10^{-6}$，平均值为 1.91×10^{-6}；Cs 含量为 $0.75 \times 10^{-6} \sim 5.63 \times 10^{-6}$，平均值为 3.44×10^{-6}；Ba 含量为 $266.15 \times 10^{-6} \sim 913.63 \times 10^{-6}$，平均值为 649.95×10^{-6}；Hf 含量为 $3.34 \times 10^{-6} \sim 4.36 \times 10^{-6}$，平均值为 3.77×10^{-6}；Ta 含量为 $0.48 \times 10^{-6} \sim 0.72 \times 10^{-6}$，平均值为 0.57×10^{-6}；Tl 含量为 $0.43 \times 10^{-6} \sim 0.83 \times 10^{-6}$，平均值为 0.67×10^{-6}；Pb 含量为 $4.25 \times 10^{-6} \sim 15.40 \times 10^{-6}$，平均值为 11.30×10^{-6}；Th 含量为 $7.61 \times 10^{-6} \sim 11.13 \times 10^{-6}$，平均值为 9.59×10^{-6}；U 含量为 $1.45 \times 10^{-6} \sim 4.31 \times 10^{-6}$，平均值为 3.45×10^{-6}。

通过微量元素测试结果（表 4-3）以及司家营铁矿床围岩样品原始地幔标准化蛛网图（图 4-4）可知，整体而言，围岩配分曲线基本一致，围岩的大离子亲石元素 Ba、Sr，高场强元素 Nb、Ta、Ti 明显亏损，而元素 Rb、K、U、La、Eu、Zr 等元素呈正异常，显示出岛弧岩石的特征，具有明显的壳源岩浆特征（Winter，2001）。

4.4　稀土元素特征

稀土元素在三价铁的氧化物和氢氧化物的沉积过程中分馏较小，能够保留铁沉积时海水的稀土元素特征，因此稀土元素是示踪沉积变质型铁矿床及其他富铁氧化物岩石的起源和理解其沉积过程的最常用的地球化学工具之一(Bau and Dulski，1996；Frei and Gerdes，2009)。

从稀土元素测试结果可以看出（表 4-3），司家营铁矿床矿石样品的总稀土元素含量均偏低，变化范围为 $5.97 \times 10^{-6} \sim 111.21 \times 10^{-6}$，平均值为 32.22×10^{-6}，较澳大利亚沉积岩平均总稀土元素含量（183.8×10^{-6}）相差甚远，经澳大利亚新太古界页岩（PAAS）标准化后，呈现基本一致的稀土元素配分模式：轻稀土相对亏损，重稀土相对富集。La_N/Yb_N 变化范围为 $0.30 \sim 2.20$，平均值为 0.69；具有相对较弱的 La 正异常，La/La^* 变化范围为 $1.02 \sim 2.35$，平均值为 1.52；具有明显的 Eu 正异常，Eu/Eu^* 变化范围为 $1.03 \sim 2.95$，平均值为 1.56；具有较明显的 Y 正异常，Y/Y^* 变化范围为 $1.07 \sim 2.00$，平均值为 1.49；具有微弱的 Ce 负异常，Ce/Ce^* 变化范围为 $0.84 \sim 1.01$，平均值为 0.93；Y/Ho 相对较高，为 $29.30 \sim 50.77$，平均值为 39.04。轻稀土相对亏损，重稀土相对富集的稀土元素配分模式以及较弱的 La 正异常、较明显的 Y 正异常、微弱的 Ce 负异常反映出与现代海水相似的稀土配分模式和地球化学特征（Stern et al.，2013；Bau and Dulski，1996）。

从稀土元素测试结果（表 4-3）以及 PAAS 标准化配分图（图 4-5）可以看出，司家营铁矿床围岩样品的总稀土元素含量均偏低，变化范围为 $56.00 \times 10^{-6} \sim 137.53 \times 10^{-6}$，平均值为 109.90×10^{-6}，较澳大利亚沉积岩平均稀土总量（183.8×10^{-6}）相差甚远，经澳大利亚后太古界页岩（PAAS）标准化后，呈现基本一致的稀土元素配分模式：轻稀土相对富集，重稀土相对亏损。La_N/Yb_N 变化范围为 $0.50 \sim 1.44$，平均值为 1.25；具有相对较弱的 La 正异常，La/La^* 变化范围为 $1.10 \sim 1.22$，平均值为 1.15；具有明显的 Eu 正异常，Eu/Eu^* 变化范围为 $1.27 \sim 1.46$，平均值为 1.35；具有较明显的 Y 正异常，Y/Y^* 变化范围为 $0.97 \sim 1.06$，平均值为 1.02；具有微弱的 Ce 负异常，Ce/Ce^* 变化范围为 $0.96 \sim 1.02$，平均值为 0.98；Y/Ho 相对较高，为 $26.76 \sim 30.58$，平均值为 28.80。

整体来看，围岩稀土元素配分曲线趋势基本一致，具有相对亏损重稀土元素而富集轻稀土元素的特征，同样显示出岛弧岩石的特征以及壳源岩浆特征（Winter，2001）。

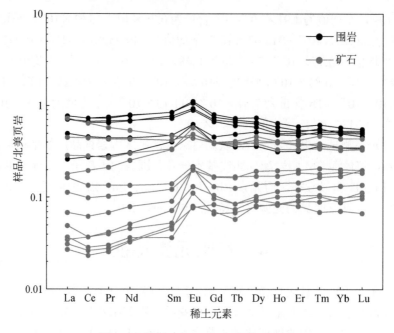

图 4-5　稀土元素 PAAS 标准化配分图

4.5　铁、氧同位素地球化学特征

4.5.1　铁同位素地球化学特征

铁同位素测试分析结果见表 4-4，相对于国际标准物质 IRMM-014，铁同位素组成总的变化范围为：$\delta^{57/54}Fe=0.492‰\sim0.803‰$，平均值为 0.642‰；$\delta^{56}Fe=0.341‰\sim0.525‰$，平均值为 0.432‰。可知司家营铁矿床样品铁同位素组成的最大特征为：铁的重同位素富集，即 $\delta^{57}Fe$ 均为正值。

绝大多数世界级沉积变质型富铁矿床 $\delta^{56}Fe_{磁铁矿}>0$ 特征显著（图 4-6）（Dauphas et al.，2004，2007；Rouxel et al.，2005；Whitehouse and Fedo，2007；李志红等，2008；Steinhoefel et al.，2009；Planavsky et al.，2012）。例如，津巴布韦 Wanderer 地区（2.7Ga）$\delta^{56}Fe_{磁铁矿}$ =0.67‰～1.02‰（平均值 0.81‰）（Steinhoefel et al.，2009）；津巴布韦姆贝伦瓜地区（2.7Ga）$\delta^{56}Fe_{磁铁矿}$=1.02‰～1.61‰（平均值 1.21‰）（Rouxel et al.，2005）；美国比瓦比克地区（1.9Ga）$\delta^{56}Fe_{磁铁矿}$=0.12‰～0.82‰（平均值 0.39‰）（Frost et al.，2007）；中国鞍山－本溪地区（2.5Ga）$\delta^{56}Fe_{磁铁矿}$=0.08‰～1.27‰（平均值 0.55‰）（李志红等，2008）。上述 $\delta^{56}Fe$ 均为正值的磁铁矿，被认为是继承了 Fe^{2+} 部分氧化而形成 Fe^{3+} 的氧化物/氢氧化物，重铁同位素相对富集。而 2.5Ga 澳大利亚哈默斯利盆地 $\delta^{56}Fe_{磁铁矿}$=-1.21‰～1.19‰（平均值 0‰），以及南非德兰士瓦盆地 $\delta^{56}Fe_{磁铁矿}$=-1.05‰～1.06‰（平均值 0‰）（Johnson et al.，2003，2008），铁同位素为负值的磁铁矿则可能是富轻同位素的 Fe^{2+} 经流体作用添加的结果，后者是 Fe^{3+} 异化还原过程（dissimilatory iron reduction，DIR）的产物（Heimann et al.，2010）。司家营铁矿中 $\delta^{56}Fe_{磁铁矿}>0$（$\delta^{56}Fe=0.341‰\sim0.525‰$，平均值 0.43‰），与大多数世界典型沉积变质型

铁矿床铁同位素特征相似。

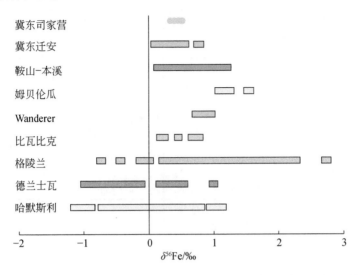

图 4-6　司家营沉积变质型铁矿床与世界典型沉积变质型铁矿床磁铁矿的铁同位素对比图（据韩鑫，2017 修改）

4.5.2　氧同位素地球化学特征

氧同位素测试分析结果见表 4-4，司家营铁矿床所有样品 $\delta^{18}O$ 值均为正值，变化范围在 7.7‰～11.2‰，平均值为 9.43‰。

表 4-4　司家营铁矿床样品铁、氧同位素测试分析结果

样品编号	$\delta^{18}O$/‰	$\delta^{56}Fe$/‰	2SD/‰	$\delta^{57/54}Fe$/‰	2SD/‰
D0006-B4	9.7	0.465	0.054	0.671	0.070
D1007-B3	7.7	0.516	0.055	0.769	0.081
D1013-B1	11.2	0.402	0.048	0.602	0.069
ZKN18-10-B8	8.2	0.341	0.043	0.492	0.052
ZKN8-9-B3	9.3	0.342	0.052	0.512	0.064
ZKN26-9-B10	10.5	0.525	0.061	0.803	0.082

注：2SD-2 倍标准差。

磁铁矿氧同位素组成特征对磁铁矿成因具有重要指示意义，不同成因类型的铁矿床中 $\delta^{18}O$ 值差别较大，将司家营铁矿床磁铁矿的氧同位素与前人总结得出的各类型铁矿床氧同位素进行对比（图 4-7）。沉积型铁矿床中磁铁矿 $\delta^{18}O$ 具有较大的正值，但变化范围较沉积变质型铁矿床窄；岩浆型铁矿床的磁铁矿 $\delta^{18}O$ 值理论上变化范围较窄，但由于不同类型的矿体其岩浆具有不同的氧同位素特征以及不同的温度条件，总体变化范围相对较宽，为 −1.5‰～8.6‰，其中火山岩型铁矿床磁铁矿 $\delta^{18}O$ 值相对集中，介于 2‰～6‰，夕卡岩型铁矿床磁铁矿 $\delta^{18}O$ 值可分为两组，即零附近（−1.78‰～1‰）和正值（1.5‰～8.8‰）；沉积变质型铁矿床磁铁矿 $\delta^{18}O$ 值变化范围较宽，具有较大的负值（−8‰）和正值（23‰），

主要是由于沉积变质型铁矿铁氧化物通常是由原始沉积的铁氢氧化物成岩、变质形成的，而由于氧同位素分馏系数之间的差异，在矿物相变过程中铁氧化物发生了不同程度的氧同位素再平衡，使得$\delta^{18}O$值变化范围很大（洪为等，2012；骆文娟和孙剑，2019）。

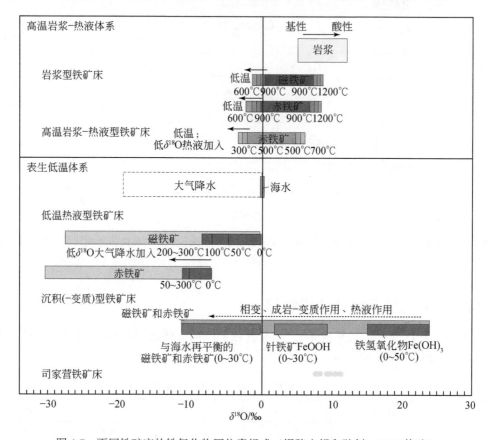

图4-7　不同铁矿床的铁氧化物同位素组成（据骆文娟和孙剑，2019 修改）

由图4-6、图4-7可知，司家营铁矿床的磁铁矿 $\delta^{18}O$、$\delta^{56}Fe$ 值符合典型的沉积变质型铁矿床的铁、氧同位素特征，其变化范围较小，均为正值，暗示本次采集的矿石在成岩成矿过程中整体发生的相变、变质作用应当为同一成矿期的产物。

第5章 成岩成矿年代学

5.1 样品采集与分析

U-Pb、Lu-Hf 同位素分析测试样品有 5 件（表 5-1），分别为采自司家营铁矿床钻孔 ZKN26-11 的变质斜长花岗岩（H26-11-19）、ZKN12-9 的片麻状混合岩（H12-9-3）、ZKN18-10 的混合质正长花岗伟晶岩（H18-10-23）、钾长浅粒岩（H18-10-24）、混合质二长花岗伟晶岩（H18-10-25）。同位素前处理与测试由北京科荟测试技术有限公司完成。5 个样品（H18-10-23、H18-10-24、H18-10-25、H26-11-19、H12-9-3）激光剥蚀电感耦合等离子体质谱仪（LA-ICP-MS）锆石 U-Pb 测年测试分析所用仪器为 Analytik Jena PQMS 型 ICP-MS，以及与之配套的 RESOlution 193nm 准分子激光剥蚀系统。激光剥蚀所用斑束直径为 24μm，频率为 6Hz，能量密度约为 5J/cm^2，以 He 为载气。LA-ICP-MS 激光剥蚀采样采用单点剥蚀的方式，测试前先用国际标样 NIST 610 进行调试仪器，使之达到最优状态。锆石 U-Pb 定年以标样 GJ-1 为外标，微量元素含量利用 NIST 610 作为外标、Si 作为内标的方法进行定量计算。测试过程中在每测定 10 个样品前后重复测定两个锆石标样 91500 对样品进行校正，并测量锆石 GJ-1 和 Plesovice，观察仪器的状态以保证测试的精确度。测量过程中绝大多数分析点 ^{206}Pb/^{204}Pb＞1000，未进行普通铅校正，^{204}Pb 含量异常高的分析点可能受包体等普通 Pb 的影响。在计算时剔除 ^{204}Pb 含量异常高的分析点，锆石年龄谐和图用 Isoplot 4.15 程序获得。详细测试过程可参见侯可军等（2009）。样品分析过程中，Plesovice 标样作为未知样品的分析结果为 337.8±1.2Ma（n=32，2σ），对应的年龄推荐值为 337.13±0.37Ma（2σ）（Sláma et al.，2008），两者在误差范围内完全一致。

表 5-1　地球化学样品基本特征

序号	样品编号	岩性	采样位置	分析方法
1	H18-10-23	混合质正长花岗伟晶岩	ZKN18-10（567.6～569.2m）	锆石 U-Pb、Lu-Hf
2	H18-10-24	钾长浅粒岩	ZKN18-10（745.2～746.8m）	锆石 U-Pb、Lu-Hf
3	H18-10-25	混合质二长花岗伟晶岩	ZKN18-10（781.0～782.3m）	锆石 U-Pb、Lu-Hf
4	H26-11-19	变质斜长花岗岩	ZKN26-11（564.9～566.3m）	锆石 U-Pb、Lu-Hf
5	H12-9-3	片麻状混合岩	ZKN12-9（494.5～495.7m）	锆石 U-Pb、Lu-Hf

在司家营铁矿床的赋矿围岩锆石 U-Pb 测年的基础上，选取年龄点的同一位置进行锆

石 Hf 同位素原位微区分析，用 ICPMSDataCal 软件（Liu et al.，2010）完成。检测仪器为激光剥蚀多接收器电感耦合等离子体质谱仪，激光进样系统为 ASI（美国应用光谱）公司的 RESOlution SE 193nm 准分子激光剥蚀系统，分析系统为美国 Thermo Fisher Scientific 公司的多接收电感耦合等离子体质谱仪（Neptune Plus）。检测环境：温度要求 18～22℃，相对湿度＜65%。根据锆石 CL 照片选择锆石的合适区域，利用 RESOlution 193nm 准分子激光剥蚀系统对锆石进行剥蚀，激光剥蚀的斑束直径一般为 38μm，能量密度为 7～8J/cm²，频率为 10Hz，激光剥蚀物质以高纯 He 为载气送入 Neptune Plus，接收器配置与溶液进样方式相同。$^{176}Hf/^{177}Hf$ 采用 $^{179}Hf/^{177}Hf=0.7325$ 进行指数归一化校正（即认为两对同位素之间的质量歧视效应符合指数法则）。^{176}Hf 同质异位素的干扰校正：^{176}Hf 有两个同质异位素 ^{176}Lu 和 ^{176}Yb，通过对 ^{175}Lu 和 ^{172}Yb 的测定对 ^{176}Lu 和 ^{176}Yb 进行同质异位素的干扰校正。

5.2 锆石 U-Pb 同位素

锆石 U-Pb 测年共选择了 5 个样品（H18-10-23、H18-10-24、H18-10-25、H26-11-19、H12-9-3），岩性分别为混合质正长花岗伟晶岩、钾长浅粒岩、混合质二长花岗伟晶岩、变质斜长花岗岩、片麻状混合岩，其中 H18-10-23、H18-10-24、H18-10-25 三件样品的测试结果投图效果较差，显示其锆石 U-Pb 年龄谐和度较低，无法成图，故弃用。

H12-9-3 和 H26-11-19 锆石 U-Pb 同位素测试结果见表 5-2。

变质斜长花岗岩（H26-11-19）：锆石阴极发光图像显示锆石颗粒大部分呈短柱状或长柱状，表现出岩浆锆石所具有的较为显著的环带结构特征。大部分锆石长轴在 100～180μm，短轴在 40～100μm，长宽比为 3:2～2:1（图 5-1）。共测试了 26 个点，除去 1 个不谐和度较高年龄，其他年龄相差范围不大，相对集中。通过余下 25 个数据点的年龄谐和图（图 5-2）拟合出上交点年龄为 2514±23Ma（MSWD=3.8），加权平均年龄为 2517±12Ma（MSWD=1.8），两者在误差范围内一致，该年龄代表了变质斜长花岗岩的形成年龄。

200μm

图 5-1 H26-11-19 的锆石阴极发光图像

片麻状混合岩（H12-9-3）：锆石阴极发光图像显示锆石颗粒呈短柱状或长柱状，表现出岩浆锆石所具有的较为显著的环带结构特征。大部分锆石长轴在 100～180μm，短轴在 40～100μm，长宽比为 3:2～3:1，大部分呈自形晶（图 5-3）。共测试了 35 个点，通过年龄谐和图（图 5-4）拟合出上交点年龄为 2473±27Ma（MSWD=1.5），得到样品的加权

表 5-2　H12-9-3 和 H26-11-19 锆石 U-Pb 同位素测试结果

样品号	207Pb/206Pb 比值	1σ	207Pb/235U 比值	1σ	206Pb/238U 比值	1σ	207Pb/206Pb 年龄/Ma	1σ	207Pb/235U 年龄/Ma	1σ	206Pb/238U 年龄/Ma	1σ
H12-9-3-01	0.1680	0.0016	10.4436	0.4611	0.4826	0.0031	2536.6	24.6	2537.7	58.6	2538.4	16.3
H12-9-3-02	0.1668	0.0014	10.5941	0.4532	0.4783	0.0038	2524.8	21.9	2505.7	66.8	2519.7	20.0
H12-9-3-03	0.1668	0.0012	10.7200	0.4479	0.4670	0.0034	2525.0	17.9	2501.5	56.7	2470.5	18.1
H12-9-3-04	0.1677	0.0012	10.2354	0.4529	0.4787	0.0039	2534.3	18.3	2517.1	56.9	2521.4	20.8
H12-9-3-05	0.1667	0.0010	10.3460	0.4357	0.4762	0.0040	2524.0	14.7	2501.9	65.9	2510.7	21.3
H12-9-3-06	0.1687	0.0012	9.9632	0.4219	0.4425	0.0040	2544.2	17.5	2450.5	55.3	2361.8	21.4
H12-9-3-07	0.1682	0.0014	10.5211	0.4508	0.4798	0.0030	2538.8	21.5	2535.0	56.1	2526.5	16.0
H12-9-3-08	0.1663	0.0012	7.9577	0.3765	0.3454	0.0057	2520.0	18.2	2208.0	69.0	1912.7	31.7
H12-9-3-09	0.1672	0.0021	11.0690	0.5537	0.4803	0.0041	2528.9	31.3	2514.8	60.8	2528.4	21.8
H12-9-3-10	0.1653	0.0015	11.2691	0.5210	0.4906	0.0042	2509.7	23.4	2527.1	71.8	2573.3	21.9
H12-9-3-11	0.1648	0.0012	10.7487	0.3711	0.4793	0.0029	2504.3	18.7	2503.0	41.0	2524.3	15.5
H12-9-3-12	0.1668	0.0014	10.4238	0.3377	0.4741	0.0036	2524.8	20.9	2479.0	48.8	2501.4	19.2
H12-9-3-13	0.1676	0.0016	11.0485	0.3709	0.4916	0.0034	2533.5	24.1	2516.5	51.7	2577.7	17.7
H12-9-3-14	0.1694	0.0013	7.5005	0.2452	0.3506	0.0050	2551.4	19.8	2214.9	55.1	1937.3	27.8
H12-9-3-15	0.1707	0.0012	11.0100	0.3286	0.4763	0.0031	2563.6	18.7	2499.8	49.9	2511.0	16.5
H12-9-3-16	0.1669	0.0013	9.4873	0.3639	0.4431	0.0043	2525.9	19.6	2410.4	51.6	2364.6	23.1
H12-9-3-17	0.1692	0.0013	9.8850	0.3152	0.4831	0.0033	2548.8	19.6	2503.0	49.4	2540.8	17.2
H12-9-3-18	0.1667	0.0011	6.0370	0.1560	0.2772	0.0018	2523.5	16.6	1988.4	37.8	1577.1	10.2
H12-9-3-19	0.1685	0.0012	10.6624	0.3689	0.4578	0.0031	2541.8	18.8	2482.6	42.7	2429.8	16.6
H12-9-3-20	0.1714	0.0011	10.7658	0.3450	0.4756	0.0033	2570.9	15.9	2534.2	38.7	2508.0	17.2
H12-9-3-21	0.1674	0.0013	10.1371	0.3518	0.4848	0.0035	2531.5	19.1	2496.8	49.2	2548.1	18.2
H12-9-3-22	0.1697	0.0014	11.1437	0.4855	0.4919	0.0031	2554.2	20.6	2562.2	56.6	2578.7	16.3

续表

样品号	$^{207}Pb/^{206}Pb$ 比值	1σ	$^{207}Pb/^{235}U$ 比值	1σ	$^{206}Pb/^{238}U$ 比值	1σ	$^{207}Pb/^{206}Pb$ 年龄/Ma	1σ	$^{207}Pb/^{235}U$ 年龄/Ma	1σ	$^{206}Pb/^{238}U$ 年龄/Ma	1σ
H12-9-3-23	0.1647	0.0015	10.3572	0.3803	0.4883	0.0031	2503.6	23.2	2492.4	48.3	2563.5	16.5
H12-9-3-24	0.1716	0.0013	10.0023	0.4285	0.4519	0.0031	2572.2	20.0	2498.1	53.1	2403.7	16.4
H12-9-3-25	0.1669	0.0013	10.1175	0.3202	0.4814	0.0029	2526.4	19.2	2494.4	49.2	2533.4	15.1
H12-9-3-26	0.1669	0.0017	10.0392	0.4731	0.4589	0.0032	2526.2	25.8	2473.7	56.9	2434.5	16.8
H12-9-3-27	0.1674	0.0015	11.7496	0.4791	0.4832	0.0033	2530.6	23.1	2533.3	42.3	2541.3	17.1
H12-9-3-28	0.1696	0.0010	10.2791	0.3025	0.4684	0.0028	2553.0	15.3	2486.9	46.7	2476.5	14.8
H12-9-3-29	0.1692	0.0012	10.2599	0.2995	0.4747	0.0031	2549.3	18.1	2498.5	48.2	2504.2	16.5
H12-9-3-30	0.1700	0.0013	8.5223	0.2909	0.3838	0.0053	2556.5	20.3	2306.5	53.2	2094.1	29.1
H12-9-3-31	0.1665	0.0013	11.8305	0.4800	0.4751	0.0039	2522.4	19.3	2515.5	51.3	2505.9	20.7
H12-9-3-32	0.1672	0.0015	11.3560	0.4626	0.5021	0.0054	2529.0	22.4	2551.4	52.4	2622.6	28.4
H12-9-3-33	0.1673	0.0013	10.7244	0.3432	0.4717	0.0048	2529.8	20.2	2495.0	48.9	2491.1	25.2
H12-9-3-34	0.1659	0.0015	10.2231	0.3551	0.4746	0.0050	2516.1	22.3	2494.5	49.9	2503.6	26.2
H12-9-3-35	0.1689	0.0012	10.8664	0.3668	0.4784	0.0055	2545.9	18.1	2519.7	49.3	2520.3	28.8
H26-11-19-1	0.1620	0.0010	6.5717	0.1719	0.3023	0.0070	2475.6	15.0	2055.6	53.8	1702.9	39.4
H26-11-19-2	0.1517	0.0011	3.5376	0.1091	0.1734	0.0034	2364.3	17.7	1535.7	47.4	1030.9	19.9
H26-11-19-3	0.1649	0.0014	8.0159	0.1563	0.3504	0.0025	2506.1	20.9	2232.8	43.5	1936.5	14.1
H26-11-19-4	0.1654	0.0010	10.5267	0.1918	0.4685	0.0032	2511.2	14.9	2482.3	45.2	2477.0	16.8
H26-11-19-5	0.1636	0.0012	8.2784	0.1511	0.3638	0.0025	2492.5	18.4	2262.0	41.3	2000.1	13.8
H26-11-19-6	0.1619	0.0010	7.5091	0.1638	0.3394	0.0039	2474.9	15.7	2174.1	47.4	1883.6	21.6
H26-11-19-7	0.1673	0.0016	11.2597	0.2180	0.4850	0.0033	2529.6	23.7	2544.9	49.3	2549.0	17.1
H26-11-19-8	0.1587	0.0011	5.5490	0.1591	0.2428	0.0021	2441.5	16.8	1908.2	54.7	1401.0	12.0
H26-11-19-9	0.1601	0.0010	5.7365	0.1044	0.2683	0.0026	2456.5	15.0	1936.9	35.3	1532.2	14.7
H26-11-19-10	0.1798	0.0014	7.8111	0.1880	0.3123	0.0035	2650.0	19.9	2209.5	53.2	1751.9	19.6

续表

样品号	$^{207}Pb/^{206}Pb$ 比值	1σ	$^{207}Pb/^{235}U$ 比值	1σ	$^{206}Pb/^{238}U$ 比值	1σ	$^{207}Pb/^{206}Pb$ 年龄/Ma	1σ	$^{207}Pb/^{235}U$ 年龄/Ma	1σ	$^{206}Pb/^{238}U$ 年龄/Ma	1σ
H26-11-19-11	0.1298	0.0009	0.7308	0.0186	0.0410	0.0007	2094.9	15.1	557.0	14.2	259.2	4.2
H26-11-19-12	0.1695	0.0017	10.4564	0.1800	0.4701	0.0036	2551.5	25.1	2476.1	42.6	2484.0	19.1
H26-11-19-13	0.1661	0.0012	10.6137	0.1787	0.4666	0.0030	2518.1	18.0	2489.9	41.9	2468.6	15.8
H26-11-19-14	0.1680	0.0013	10.6430	0.1751	0.4768	0.0036	2537.2	19.5	2492.5	41.0	2513.1	18.9
H26-11-19-15	0.1613	0.0010	6.2064	0.1033	0.2789	0.0026	2469.1	15.2	2005.4	33.4	1585.7	14.8
H26-11-19-16	0.1673	0.0018	5.7519	0.1005	0.2566	0.0025	2530.1	26.9	1939.2	33.9	1472.2	14.1
H26-11-19-17	0.1665	0.0009	10.7173	0.1915	0.4617	0.0036	2522.3	13.1	2498.9	44.7	2446.9	19.2
H26-11-19-18	0.1670	0.0014	10.7304	0.2019	0.4592	0.0041	2526.6	21.6	2500.1	47.0	2436.2	21.8
H26-11-19-19	0.1535	0.0014	2.9935	0.0536	0.1351	0.0019	2384.1	22.5	1406.0	25.2	816.9	11.4
H26-11-19-20	0.1538	0.0009	4.4163	0.0718	0.2085	0.0016	2388.0	14.5	1715.4	27.9	1221.1	9.5
H26-11-19-21	0.1688	0.0009	10.7524	0.1710	0.4485	0.0031	2544.6	13.0	2502.0	39.8	2388.4	16.6
H26-11-19-22	0.1651	0.0010	8.6625	0.2199	0.3720	0.0059	2508.1	15.9	2303.1	58.5	2038.9	32.2
H26-11-19-23	0.1610	0.0011	3.6493	0.1014	0.1577	0.0044	2465.2	17.6	1560.4	43.4	943.7	26.5
H26-11-19-24	0.1686	0.0016	11.4643	0.1954	0.4979	0.0038	2543.0	24.3	2561.7	43.7	2604.6	19.9
H26-11-19-25	0.1662	0.0011	10.0912	0.1612	0.4328	0.0038	2518.7	17.0	2443.2	39.0	2318.2	20.1
H26-11-19-26	0.1683	0.0010	11.0855	0.1736	0.4713	0.0032	2539.9	14.5	2530.3	39.6	2489.0	16.9

加权平均年龄为 2536.3±6.5Ma（MSWD=0.79），可代表片麻状混合岩的形成年龄。

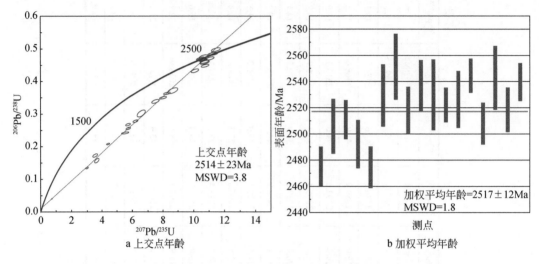

图 5-2　H26-11-19 的锆石 U-Pb 年龄谐和图及加权平均年龄分布图

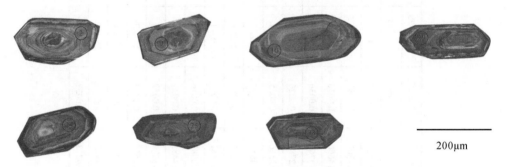

图 5-3　H12-9-3 的锆石阴极发光图像

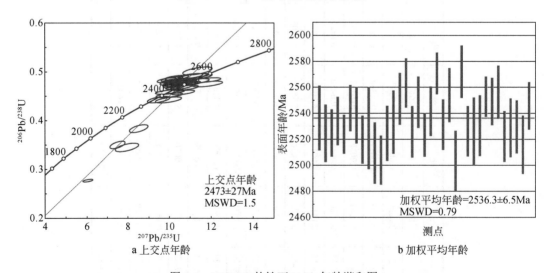

图 5-4　H12-9-3 的锆石 U-Pb 年龄谐和图

表 5-3 H12-9-3 和 H26-11-19 Lu-Hf 同位素测试结果

样品	$^{176}Yb/^{177}Hf$	$^{176}Lu/^{177}Hf$	$^{176}Hf/^{177}Hf$	2σ	年龄/Ma	$\varepsilon Hf(0)$	$\varepsilon Hf(t)$	T_{DM}/Ma	T_{2DM}/Ma	$f_{Lu/Hf}$
H12-9-3-1	0.017066	0.000589	0.281096	0.000022	2536.61	-59.257901	-3.345796	2967.04	3230.43	-0.982269
H12-9-3-2	0.016546	0.000559	0.281117	0.000018	2524.76	-58.516095	-2.817445	2936.67	3189.31	-0.983166
H12-9-3-3	0.019809	0.000669	0.281138	0.000021	2525.02	-57.773949	-2.254292	2916.81	3155.35	-0.979849
H12-9-3-4	0.021108	0.000720	0.281121	0.000021	2534.28	-58.394359	-2.756954	2944.28	3192.95	-0.978305
H12-9-3-5	0.020517	0.000703	0.281139	0.000024	2524.04	-57.743087	-2.303830	2918.20	3157.60	-0.978823
H12-9-3-6	0.018926	0.000643	0.281135	0.000020	2544.20	-57.889565	-1.891261	2919.25	3148.06	-0.980632
H12-9-3-7	0.015457	0.000526	0.281116	0.000022	2538.77	-58.571118	-2.497852	2936.28	3180.69	-0.984155
H12-9-3-8	0.017340	0.000603	0.281086	0.000019	2520.00	-59.627021	-4.118003	2982.12	3264.47	-0.981843
H12-9-3-9	0.026997	0.000884	0.281102	0.000019	2528.92	-59.059176	-3.828370	2982.18	3253.76	-0.973371
H12-9-3-10	0.019761	0.000668	0.281056	0.000024	2509.68	-60.668728	-5.511564	3026.69	3340.89	-0.979868
H12-9-3-11	0.013075	0.000443	0.281079	0.000019	2504.28	-59.885292	-4.461957	2979.64	3273.24	-0.986662
H12-9-3-12	0.021329	0.000718	0.281088	0.000019	2524.76	-59.539759	-4.120663	2987.69	3268.28	-0.978363
H12-9-3-13	0.018760	0.000623	0.281101	0.000020	2533.46	-59.079563	-3.297779	2962.94	3225.10	-0.981220
H12-9-3-14	0.020992	0.000722	0.281088	0.000021	2551.44	-59.558511	-3.542319	2988.67	3253.72	-0.978259
H12-9-3-15	0.028387	0.000967	0.281094	0.000018	2563.61	-59.352306	-3.487645	2999.83	3259.74	-0.970869
H12-9-3-16	0.031863	0.001050	0.281125	0.000021	2525.95	-58.247188	-3.363038	2963.90	3223.29	-0.968383
H12-9-3-17	0.015682	0.000537	0.281085	0.000020	2548.78	-59.664780	-3.389459	2978.52	3242.41	-0.983818
H12-9-3-18	0.016531	0.000563	0.281119	0.000022	2523.54	-58.451281	-2.787692	2934.56	3186.57	-0.983029
H12-9-3-19	0.015199	0.000527	0.281087	0.000019	2541.84	-59.593943	-3.459147	2975.09	3241.31	-0.984114

续表

样品	$^{176}Yb/^{177}Hf$	$^{176}Lu/^{177}Hf$	$^{176}Hf/^{177}Hf$	2σ	年龄/Ma	$\varepsilon Hf(0)$	$\varepsilon Hf(t)$	T_{DM}/Ma	T_{2DM}/Ma	$f_{Lu/Hf}$
H12-9-3-20	0.018404	0.000639	0.281067	0.000021	2570.89	-60.300312	-3.703765	3010.43	3278.41	-0.980754
H26-11-19-1	0.011718	0.000441	0.281081	0.000018	2475.61	-59.817971	-5.044389	2976.97	3286.55	-0.986713
H26-11-19-2	0.014147	0.000512	0.281070	0.000018	2364.28	-60.180090	-8.053184	2996.07	3383.53	-0.984581
H26-11-19-3	0.021066	0.000813	0.281142	0.000020	2506.09	-57.634499	-2.787717	2922.36	3173.17	-0.975512
H26-11-19-4	0.031799	0.000983	0.281094	0.000018	2511.18	-59.345324	-4.683161	3000.77	3291.92	-0.970404
H26-11-19-5	0.016525	0.000569	0.281107	0.000018	2492.51	-58.872338	-3.925185	2950.94	3231.71	-0.982861
H26-11-19-6	0.012321	0.000440	0.281102	0.000021	2474.90	-59.053323	-4.289877	2948.02	3240.31	-0.986744
H26-11-19-7	0.012470	0.000460	0.281104	0.000017	2529.62	-58.998566	-3.022576	2947.47	3205.48	-0.986137
H26-11-19-8	0.013088	0.000478	0.281074	0.000017	2441.47	-60.039817	-6.105005	2988.15	3324.63	-0.985608
H26-11-19-9	0.016116	0.000554	0.281091	0.000019	2456.47	-59.433848	-5.281251	2971.03	3286.25	-0.983327
H26-11-19-11	0.021163	0.000778	0.281079	0.000021	2094.94	-59.885638	-14.217925	3005.46	3551.38	-0.976569
H26-11-19-12	0.020418	0.000758	0.281124	0.000019	2551.48	-58.276490	-2.314247	2942.63	3179.32	-0.977181
H26-11-19-13	0.019760	0.000671	0.281086	0.000019	2518.13	-59.622375	-4.273098	2987.21	3272.43	-0.979778
H26-11-19-14	0.015239	0.000563	0.281109	0.000018	2537.19	-58.800200	-2.828242	2947.77	3199.51	-0.983035
H26-11-19-15	0.011620	0.000453	0.281102	0.000020	2469.06	-59.042450	-4.433127	2948.57	3244.52	-0.986361

5.3　Lu-Hf 同位素

锆石原位 Lu-Hf 同位素分析结果见表 5-3。

片麻状混合岩（H12-9-3）锆石样品的 $^{176}Yb/^{177}Hf$ 和 $^{176}Lu/^{177}Hf$ 相对较低，分布范围分别为 0.013075～0.031864 和 0.000443～0.001050，$^{176}Hf/^{177}Hf$ 也很低，分布范围为 0.281056～0.281139，计算出 $\varepsilon Hf(t)$ 均为负值，分布范围为 -5.51～-1.89，一阶段模式年龄 T_{DM} 在 2917～3027Ma，二阶段模式年龄 T_{2DM} 在 3148～3341Ma，均明显大于锆石的 $^{207}Pb/^{206}Pb$ 年龄。

变质斜长花岗岩（H26-11-19）锆石样品的 $^{176}Yb/^{177}Hf$ 和 $^{176}Lu/^{177}Hf$ 相对较低，分布范围分别为 0.011620～0.031799 和 0.000440～0.000983，$^{176}Hf/^{177}Hf$ 也很低，分布范围为 0.281070～0.281142，计算出 $\varepsilon Hf(t)$ 均为负值，分布范围为 -14.22～-2.31，一阶段模式年龄 T_{DM} 在 2922～3005Ma，二阶段模式年龄 T_{2DM} 在 3173～3551Ma，均明显大于锆石的 $^{207}Pb/^{206}Pb$ 年龄。

5.4　司家营铁矿床的形成时代

条带状铁建造是一种与海底火山喷发有关的典型化学沉积岩的观点已被大多数学者所接受。由于无法直接测量铁矿床的形成时代，前人通过测量与铁矿床密切共生的变质火山岩的年龄来厘定铁矿床的成矿年龄（Trendall et al.，1998；Vavra et al.，1999；Tsikos et al.，2003）。从全球范围来看，70%的条带状铁建造都形成于 2.50Ga（±0.1Ga）（Klein，2005），我国条带状铁建造也主要形成于 2.55～2.50Ga（李延河等，2011；万渝生等，2012；张连昌等，2012），这与冀东地区条带状铁建造形成峰期 2550～2530Ma 年龄相符（张龙飞，2015），冀东地区广泛的变质作用主要发生于 2530～2500Ma（张龙飞，2015）（表 5-4），可能造成了铁矿的富集。

表 5-4　冀东地区其他沉积变质型铁矿床成矿年龄与变质年龄统计表

位置	岩性	测试方法	成矿年龄/Ma	变质年龄/Ma	文献
迁安市水厂铁矿	斜长角闪岩	SIMS	2547±7	2514±10	Zhang 等（2011）
迁安市杏山铁矿	斜长角闪岩	SHRIMP	2520±13		丁文君（2010）
	黑云变粒岩	SHRIMP	2541±6		
迁安市黄柏峪村北东 200m	黑云变粒岩	SHRIMP	2534±8		Nutman 等（2011）
迁安市曹庄冶炼厂北 400m	麻粒岩	SHRIMP	2548±7	2506±6	
迁西县滦河大桥南	石英闪长片麻岩	SHRIMP	2537±9		
迁西县王寺峪铁矿	黑云斜长变粒岩	LA-ICP-MS	2516±9		曲军峰等（2013）
遵化市石人沟铁矿	角闪斜长片麻岩	SIMS	2541±21	2512±13	Zhang 等（2012）
	斜长角闪岩	SIMS	2553±31	2510±21	
	角闪斜长片麻岩	U-Pb 一致曲线	2576±23		

位置	岩性	测试方法	成矿年龄/Ma	变质年龄/Ma	文献
青龙县柞栏杖子	黑云变粒岩	U-Pb 一致曲线	2512±47		孙会一等（2010）
单塔子群	黑云变粒岩	SHRIMP	2504±7		
朱杖子群	黑云斜长片麻岩	SHRIMP	2540±6		杨春亮等（2000）
	变质酸性火山岩	SHRIMP	2516±8		
	TTG 砾石	SHRIMP	2515±9		
	花岗岩砾石	SHRIMP	2510±10		
	砾岩基质	SHRIMP	2512±7		
	变余枕状斜长角闪岩	U-Pb 一致曲线	2641±33		
双山子群	变余斑状绢云片岩	U-Pb 一致曲线	2546±40		

结合前人对司家营沉积变质型铁矿床成矿年龄的研究（表 5-5），对司家营铁矿床的片麻状混合岩以及变质斜长花岗岩的锆石进行分析，综合锆石的结构和形态特征、谐和图等信息，认为片麻状混合岩年龄（2536.3±6.5Ma）代表了司家营铁矿床的成矿年龄，变质斜长花岗岩年龄（2517±12Ma）代表了司家营铁矿床形成后遭受后期变质作用的年龄。因此，司家营铁矿床的成矿年龄为 2545～2533Ma 变质作用的主要发生时间为 2529～2517Ma。

表 5-5 司家营铁矿床成矿年龄与变质年龄统计表

岩性	测试方法	成矿年龄/Ma	变质年龄/Ma	文献
黑云变粒岩	SIMS	2543～2533		Cui 等（2014）
黑云斜长片麻岩				
片麻状花岗闪长岩				
黑云变粒岩	SHRIMP	2539±6		陈靖（2014）
片麻状二长花岗岩	SHRIMP		2529±5	
黑云变粒岩	SHRIMP	2545±10		张龙飞（2015）
黑云斜长片麻岩	SHRIMP	2536±10		
钾化花岗岩	SHRIMP		2521±12	
片麻状混合岩	LA-ICP-MS	2536.3±6.5		本书
变质斜长花岗岩	LA-ICP-MS		2517±12Ma	

第6章 矿床成因探讨

6.1 沉 积 作 用

在新太古代—古元古代（2.7~1.8Ga），地球发生了一系列重大转变，尤其是大气氧的出现（Condie，2018），地球表生环境开始向有氧方向转变（张连昌等，2020），在演化初期（2.6~2.4Ga）的2548~2536Ma司家营沉积巨量的条带状铁建造。

进入古元古代后，司家营铁矿床主要经历了绿片岩-麻粒岩相的变质作用，属于典型的阿尔戈马型特征。

沉积变质型铁矿床的稀土元素特征可以有效反映古海洋的化学成分及氧化还原条件，其中Ce对氧逸度非常敏感，并且不同价态的Ce离子溶解度不同，因此Ce能很好地指示铁建造沉积时海水的氧化还原环境（German and Elderfield，1990）。在氧化环境中，Ce^{3+}被氧化为 Ce^{4+}，溶解度降低，导致其被水体中的悬浮物强烈吸收从而显示 Ce 负异常（Sholkovitz et al.，1994）。按照常规的 Ce 异常算法 $Ce/Ce^*=2Ce_{PAAS}/（La_{PAAS}+Pr_{PAAS}）$，司家营铁矿床具微弱的 Ce 负异常（$Ce/Ce^*$=0.83~1.01，平均为0.94）。但是常规算法下，La 的正异常会导致 Ce 的负异常（Bau and Dulski，1996），为得到矿床真实的 Ce 异常值和 La 异常值，采用 $Ce/Ce^*-Pr/Pr^*$ 判别图解投图分析（Bau and Dulski，1996），可以看出，样品点并未落入负 Ce 异常区域（图 6-1）。因此，矿石稀土元素配分模式图中出现的 Ce 负异常并非真实的 Ce 负异常（图4-5），而是受 La 正异常的影响，指示了司家营铁矿床的原始硅

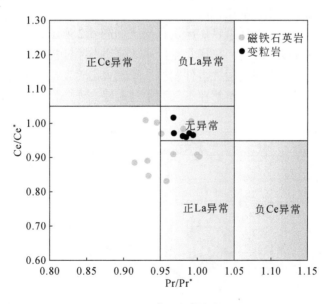

图6-1 $Ce/Ce^*-Pr/Pr^*$ 判别图解

铁建造初始形成于还原环境，而缺氧环境也正是条带状铁建造沉淀的必要条件之一（Cloud，1973；Klein，2005），与早前寒武纪属于缺氧环境的认识相符合。

随着壳幔演化，上陆壳逐渐由超镁铁质向长英质过渡（Condie，1993），使得海水中的 Ni 含量降低，而 Ni 含量的降低可能会抑制古海洋中甲烷菌的生长，进一步导致大气中甲烷含量发生亏损，而古海水中 Ni 含量的演化可以通过条带状铁建造中的（Ni/Fe）$_{mol}$ 来反映，司家营铁矿床条带状铁建造的（Ni/Fe）$_{mol}$ 主要集中于 $0.02\times10^{-4}\sim0.16\times10^{-4}$，仅有两个样品为 2.14×10^{-4} 和 3.54×10^{-4}，暗示了司家营铁矿床条带状铁建造与大氧化事件存在一定的联系（Konhauser et al.，2009），可能是大氧化事件诱因的间接产物。司家营铁矿床条带状铁建造沉积时代与第一次大氧化事件相近（Konhauser et al.，2009）。

条带状铁建造沉积时的氧化还原环境是否与大氧化事件有关？前人的研究表明，铁同位素可以用来示踪地质历史中海水的氧化还原状态（Rouxel et al.，2005；Whitehouse and Fedo，2007；Anbar and Rouxel，2007；von Blanckenburg et al.，2008）。当海水完全氧化时，铁元素接近完全沉淀，可被视为并未发生铁同位素分馏，此时 Fe^{3+} 氧化物的 δ^{56}Fe 值在零值附近；当海水处于未完全氧化状态时，其中的铁元素部分发生沉淀，生成 Fe^{3+} 氧化物时会发生铁同位素分馏，沉淀物中铁的重同位素相较于海水中的 Fe^{2+} 富集（Bullen et al.，2001；Balci et al.，2006；韩鑫，2017）。司家营铁矿床的磁铁石英岩样品均富集铁重同位素（δ^{56}Fe=0.341‰～0.525‰），具有与大多数世界典型沉积变质型铁矿床相似的铁同位素特征（图 4-6），由于海水中二价铁为部分氧化而非完全氧化沉淀，结果均为正值，表明当时地质历史时期海水为低氧逸度环境，而海水中的铁元素仅发生了部分氧化。

硫同位素非质量分馏效应发生与否被认为与地球的大气环境有关：在 2.45Ga 以前，地球大气缺氧，太阳紫外线可以穿越大气层直达地表，而 2.09Ga 以来，地球大气氧化，太阳紫外线很难到达地表，这种转变导致了明显的非质量分馏逐渐消失（李厚民等，2022）。表明大氧化事件早期表层海水可能已经发生了氧化，此时的海洋已经是一种氧化还原分层的海洋，即上部氧化下部还原的层化海洋。

综上所述，司家营沉积变质型铁矿床沉积模式如图 6-2 所示。太古宙时期，海洋整体处于低氧逸度、低硫逸度的环境，在华北克拉通微陆块发生碰撞拼合之后，形成有利于富铁的弧后断陷盆地。随着全球地幔柱事件发展，海底火山喷发，携带幔源铁镁物质进入海洋，在还原环境下，以 Fe^{2+} 形式溶解在下部海水与海底高温热液的混合溶液中。

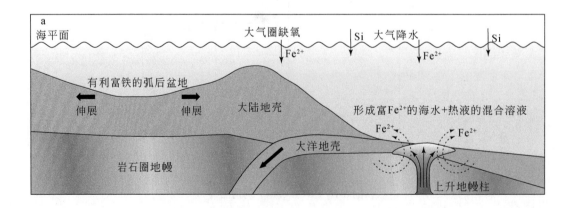

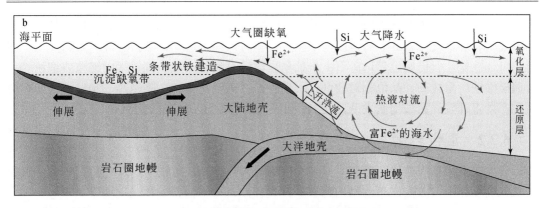

图 6-2　司家营沉积变质型铁矿床沉积模式

进入古元古代后，海洋尚处在大氧化事件初期，海水并未完全氧化，而是初始的上层氧化而下层还原的层化海洋（李厚民等，2022），在上升洋流、海水对流等作用下，溶解了大量 Fe^{2+} 的洋底海水被运移到大陆边缘浅海盆地，Fe^{2+} 在层化海洋氧化-还原界面与上部氧化层附近氧化为 Fe^{3+}，同时发生大量沉淀，由于洋流活动是周期性的，于是形成了初始的条带状铁建造。

6.2　变质作用

6.2.1　变质变形

司家营铁矿床除前期沉积阶段外，由于新太古代地壳较薄，还经历了后期的变质改造阶段。在原始硅铁建造形成后，区域上发生了大面积的区域变质变形作用，峰期变质为绿帘-角闪岩相甚至达到了角闪岩相，伴随着长期多次的构造作用、变质作用和混合岩化作用，使得原始简单层状的岩层和矿层遭受了褶皱、断裂、透镜体化、塑性变形等改造作用（图 3-35），形成了复杂多样的矿体形态和矿带分布格局。

前人对于变质变形作用与成矿作用的关系研究甚少，冀东地区变质作用对铁矿的控制主要表现为矿石矿物成分和结构构造的变化，即沉积矿物组合被改造为相应的变质矿物组合，隐晶结构、细粒结构经过重结晶作用变为显晶结构、粗粒结构，条纹条带状构造保存延续下来，而更高级别的变质作用则产生细纹状甚至块状构造的铁矿石。

与世界典型沉积变质型铁矿床一样，在司家营矿区的原始硅铁建造沉积形成后，发生了大面积的区域变质变形作用。主要引发太古宙地层产生褶皱构造的变质变形作用至少有两期，分别发生于 2.5Ga 和 1.8Ga 左右，变质达到角闪岩相，然后又退变质为绿片岩相（李厚民等，2014，2022；陈靖，2014，陈靖等，2014；沈其韩和宋会侠，2015；张龙飞，2015；张招崇等，2021；崔伟等，2022a，2022b）。由磁铁矿主量元素特征分析可知，随着变质程度的升高，磁铁矿的 FeO 含量也会有一定程度的增加，而在司家营铁矿床被抬升至地表后，磁铁矿经受了大气、变质流体等多重氧化作用的影响，一部分形成了赤铁矿与假象赤铁矿，另一部分也完成了对 FeO 的萃取富集。虽然这些变质变形作用对铁矿品位造成的影响较小，但是对铁矿石品质的影响却很大，这些矿物成分和结构构造的变化增加了矿石的可选性，提高了矿床经济价值。沉积变质型铁矿床的变质程度越高，矿石可选性越好。例如，迁西岩群、遵化岩群矿石粒度为中粗粒、粗粒，易于选矿；滦县岩群矿石粒度为中细粒，可选性差，但仍属于易选矿石；朱杖子岩群矿石颗粒一般较细，为中细粒或细粒，且普遍硅酸铁含量较高，品位相对较低，可选性差（陈靖，2014；陈靖等，2014；河北省地质矿产勘查开发局第二地质大队，2021；崔伟等，2022a，2022b）。

6.2.2 混合岩化

研究区变质基底普遍还遭受了区域性的混合岩化作用，对铁矿层造成的影响主要表现在机械破坏作用、改变矿石的结构构造、同化作用三个方面，具体表现如下。

（1）机械破坏作用：混合脉体沿构造裂隙穿插或顺层注入矿层，破坏矿层的连续产状，改变矿体的形态，对矿体起到一定的破坏作用和贫化作用。

（2）改变矿石的结构构造：同一地区往往可以看到混合岩化作用强烈的地段，其矿石颗粒较粗，而混合岩化作用较弱地段，其矿石颗粒较细。

（3）同化作用：司家营铁矿区的混合岩化相对较弱，矿石颗粒一般在 0.03～0.15mm，同时混合岩化作用也可使矿石发生构造形变，即由条带状变成片麻状、块状构造等。此外，研究区内曾见到紧靠磁铁石英岩矿体的混合岩或伟晶岩中有块状磁铁矿细脉、浸染状的粗粒磁铁矿或黑云母，团块状分布，其宽度范围一般不超过 1m，团块所占面积比一般小于10%。这显然是混合岩对铁矿体的同化作用现象，混合岩化作用使矿体中的铁活化转移到混合岩中，这也是一种不利的贫化作用。

总体来讲，由于磁铁石英岩的性质与花岗质岩石性质差别较大，在混合岩化作用过程中表现为惰性，不易混合岩化，即使受到一些混合岩化作用，也主要是物理的机械作用，而化学的同化作用表现很微弱，从而对铁矿体的影响不是很大。

6.2.3 热液作用

研究区部分区域还存在热液作用的影响，但究竟是变质热液、混合岩化热液还是其他成因的热液，目前尚存争论。而通过矿物化学的研究可以对热液作用有个大致的了解。通过分析脉石矿物主量元素特征发现，本次研究所测黑云母成分稳定，均属铁质黑云母，根据 Wu 和 Chen（2015）的算法公式可计算出黑云母的结晶温度，公式如下：

$$\ln T = 6.213 + 0.224\ln(XTi) - 0.288\ln(XFe) - 0.449\ln(XMg) + 0.15P$$

（校准范围：XTi=0.02～0.14，Xfe=0.19～0.55，XMg=0.23～0.67，T=450～840℃，P=0.1～1.9GPa）

司家营条带状铁建造形成之后遭受了峰期为绿帘-角闪岩相的变质作用，而绿帘-角闪岩相处于绿片岩相与角闪岩相的过渡地位，这一相转变一般发生在 500±50℃（0.4～0.5GPa）条件下（程素华和游振东，2016），利用上述温度计公式时，分别代入 0.4GPa、0.5GPa 压力值，计算结果显示压力每增加 0.1GPa，温度上升约 7℃，温度计结果受压力影响较大，因此本次研究以变质压力的上限值 0.5GPa 对黑云母的结晶温度进行估算。结果显示黑云母的结晶温度介于 467.465～488.696℃，与利用流体包裹体的显微测温测定的变质流体温度 352～560℃（陈靖等，2014），用石英-磁铁矿氧同位素温度计测定的成矿温度366～434℃近似（魏菊英等，1979）。而黑云母除了可以反映成矿作用或变质作用的温度外，对热液系统的氧逸度等也有较为重要的指示意义（Wones and Eugster，1965）。通过

Wones 和 Engster（1965）的 Fe^{3+}-Fe^{2+}-Mg^{2+}氧逸度缓冲剂图解（图 6-3），显示黑云母均落在了 NNO 缓冲线靠近 HM 缓冲线边部，表明黑云母是在氧逸度较高环境下结晶形成的，由此可推测变质作用开始时环境氧逸度发生了较大变化。

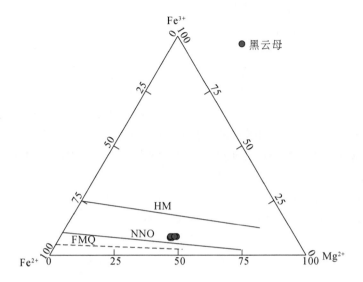

图 6-3　司家营铁矿床黑云母 Fe^{3+}-Fe^{2+}-Mg^{2+}氧逸度缓冲剂图解（底图据 Wones and Eugster，1965 修改）

HM-磁铁矿–钛铁矿缓冲剂；NNO-镍–氧化镍缓冲剂；FMQ-铁橄榄石–石英–磁铁矿缓冲剂

　　而区内绿泥石多为蚀变黑云母形式产出，电子探针数据显示，其 Al_2O_3 和 MgO 含量特征与黑云母相似，可能继承自黑云母；SiO_2 含量明显减少说明 Si 的结晶随温度等环境变化受不同矿物晶体基本性质的制约；TiO_2 含量减少可能指示了绿泥石化过程中 Al^{IV} 替换 Ti 以及部分钛铁氧化物的析出；TfeO 含量增多反映了绿泥石不仅继承了黑云母中的 Fe，还萃取了一部分外部富 Fe 蚀变流体。研究表明绿泥石 Fe/（Fe+Mg）与其形成环境的氧逸度有关，氧逸度越差、还原性越强，比值越大（Brydzia and Steven，1987），研究区绿泥石 Fe/（Fe+Mg）为 0.512～0.717，平均值为 0.640，表明其形成时热液流体具有还原性质。并且研究区绿泥石均属铁镁绿泥石种类，而富铁绿泥石通常多形成于相对酸性的还原环境，与热液沸腾作用关系紧密（Inoue，1995）。根据 Rauselicolom 等（1991）提出，经 Nieto（1997）修正的公式，计算出绿泥石面网间距 d_{001}，公式如下：

$$d_{001}=14.399-0.1155Al^{IV}-0.0201Fe^{2+}$$

　　再根据 Battaglia（1999）拟合出的公式，计算绿泥石的形成温度 t，公式如下：

$$d_{001}=14.339-0.001t$$

　　研究区绿泥石形成温度为 338.841～393.387℃，平均为 365.133℃，属于中低温热液蚀变范围，结合上文，司家营铁矿床的绿泥石形成于中低温、酸性还原环境，成矿环境的变化表示热液作用对成矿环境氧逸度造成了改变，并引起了 Fe 等成矿物质的再次沉淀，有利于矿区形成具有重要工业意义的富铁矿体。因此，热液流体不仅会影响成矿物质的迁移，还可以使成矿环境温度、压力、氧逸度等条件发生改变。热液作用的叠加会使磁铁矿与石英进一步分离且粒度变粗，使矿石品质得到提升。

6.3 矿床成因类型

磁铁石英岩是司家营铁矿床最重要的也是最主要的矿石类型,磁铁矿是司家营铁矿床最重要的矿石矿物,因此,本节从磁铁矿的矿物学研究出发,结合前人研究成果,分析对比司家营铁矿床的成因类型。

产于岩浆型铁矿床的磁铁矿 TiO_2、MgO、Al_2O_3、Cr_2O_3 含量高;产于热液交代型铁矿床的磁铁矿 TiO_2、Cr_2O_3 含量有所降低,但 MgO、Al_2O_3 仍较高;产于沉积变质型铁矿床的磁铁矿则以"纯磁铁矿"为特征(Annersten,1968;Rumble,1973)。较之其他类型的磁铁矿,沉积变质型铁矿床中的磁铁矿具有很低的 TiO_2、MnO、CaO、Al_2O_3 含量(Dupuis and Beaudoin,2011;代堰锫等,2012)。从司家营铁矿床磁铁矿电子探针数据结果可以看出,其主要成分为 TFeO,比重极高,其他主量元素含量大多低于 0.1%,甚至低于检测限,且平均成分未见明显差别。而司家营铁矿床的磁铁矿 TFeO 含量分布在85.153%~95.236%,平均值为 92.067%,其他氧化物含量均非常低,显示了司家营铁矿床属于沉积变质型铁矿床的特点。通过与不同成因类型铁矿床中磁铁矿标型组分对比(表6-1),司家营铁矿床的磁铁矿组分含量与沉积变质型磁铁矿颇为接近,更加证明了司家营铁矿床属沉积变质型铁矿床。

表 6-1　不同成因类型铁矿床中磁铁矿标型组分对比

矿床类型	TiO_2/%	Al_2O_3/%	MnO/%	MgO/%	资料来源
岩浆型	3.55~21.72,平均 10.22	1.25~4.60	0.11~1.57	0.38~7.32	徐国风和邵洁涟(1979)
	5.95	2.00	0.22	1.82	陈光远等(1984)
	6.83	3.00	0.54	2.22	林师整(1982)
火山岩型	1.10	0.37	0.24	0.68	林师整(1982)
接触交代型	0.07~0.40,平均 0.183	0.037~0.80	0.095~2.15	0.35~11.51	徐国风和邵洁涟(1979)
	0.22	0.89	0.28	0.59	陈光远等(1984)
	0.11	1.04	0.45	0.37	林师整(1982)
热液交代型	0.107~0.88,平均 0.334	1.82~4.71	0.06~0.227	1.29~13.04	徐国风和邵洁涟(1979)
	0.15	3.51	0.21	4.52	陈光远等(1984)
沉积变质型	0~1.20,平均 0.0887	0.02~0.59	0.017~0.14	0.19~0.55	徐国风和邵洁涟(1979)
	0.09	0.41	0.04	0.22	陈光远等(1984)
司家营铁矿床	0~0.484,平均 0.088	0~0.044,平均 0.006	0~0.298,平均 0.072	0~0.046,平均 0.011	本书

基于不同成因类型铁矿床中磁铁矿的电子探针分析,学者根据磁铁矿中不同的元素组成,统计出相应的成因图解。徐国风和邵洁涟(1979)、陈光远等(1984)、林师整(1982)、李智泉等(2018)总结了不同成因类型铁矿床中磁铁矿的标型组分特征,并将磁铁矿成因类型分为岩浆型、火山岩型、接触交代型、热液交代型及沉积变质型。林师整(1982)制作了 TiO_2-Al_2O_3-(MgO+MnO)三角成因图解,将磁铁矿化学成分标型成因分为六种:副

矿物型、岩浆型、火山岩型、接触交代型、夕卡岩型、沉积变质型。Dupuis 和 Beaudoin
（2011）认为（Ca+Al+Mn）-（Ti+V）判别图解可以很好地区分铁氧化物-铜-金型（IOCG）、
基鲁纳型、斑岩型、夕卡岩型、钒钛-铁型和 BIF 型铁矿床。在 TiO$_2$-Al$_2$O$_3$-（MgO+MnO）
图解中（图 6-4a），司家营铁矿床的磁铁矿主要落在了沉积变质型铁矿区域及其边界部位；
在（Ca+Al+Mn）-（Ti+V）判别图解（因 V 低于检测限，以 V=0.01 计算）中（图 6-4b），
大部分磁铁矿落入 BIF 型区域，部分落入夕卡岩型区域，充分显示了司家营铁矿床磁铁矿
的典型沉积变质型特征，表明磁铁矿受到了一定程度的接触-交代作用，很可能与后期岩
浆活动有关，再次验证了司家营铁矿床典型的沉积变质型特征，同时部分磁铁矿组成与典
型沉积变质型磁铁矿的偏离也再次反映了成矿成岩后期岩浆作用及构造热事件对矿床的
改造作用。

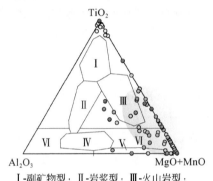

Ⅰ-副矿物型；Ⅱ-岩浆型；Ⅲ-火山岩型；
Ⅳ-接触交代型；Ⅴ-夕卡岩型；Ⅵ-沉积变质型

a TiO$_2$-Al$_2$O$_3$-(MgO+MnO)
三角成因图解(底图据林师整，1982)

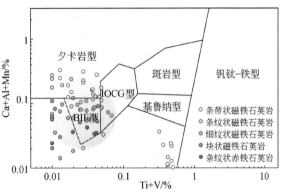

b (Ca+Al+Mn)-(Ti+V)
判别图解(底图据Dupuis and Beaudoin，2011)

图 6-4　铁矿类型判别图解

6.4　小　结

司家营铁矿床特征总结如下。

（1）司家营铁矿床形成年代介于 2545～2533Ma，赋矿围岩的原岩主要为铁质泥质岩、
中酸性火山岩。

（2）司家营铁矿床形成构造背景属于浅海岛弧、弧后盆地环境。

（3）司家营铁矿床主要经历了绿帘-角闪岩相的变质作用，普遍达到角闪岩相，矿床
构造以条带状构造为主，区内少量富铁矿以块状构造为主。

（4）区内矿石矿物主要为磁铁矿，少量赤铁矿、假象赤铁矿、磁赤铁矿、菱铁矿、黄
铁矿，偶见黄铜矿、辉铜矿等。脉石矿物以石英为主，其次为阳起石、透闪石、普通角闪
石、辉石等。

（5）司家营铁矿床的矿石具有强烈的 Eu 正异常，无 Ce 异常，较明显的 Y 正异常，
轻稀土元素相对亏损，重稀土元素相对富集，Y/Ho 在 29.30～50.77，平均值为 39.04。

通过对比，司家营铁矿床的矿床地质和地球化学特征均显示司家营铁矿床具有典型的
阿尔戈马型特性。

第7章　成矿机制探讨

7.1　成矿物质来源

通过分析沉积变质型铁矿床原始化学成分可以判断海水、热液、生物和碎屑物质对于沉积物组分的影响，但并不是所有的沉积变质型铁矿床都保留了其原始的化学成分（Bekker et al.，2010；Zhang et al.，2011；Sun et al.，2014a，2014b），前寒武纪沉积物很容易受到同沉积污染以及沉积后变质作用（包括成岩作用与变质作用）的影响，因此在解释沉积变质型铁矿床的物质来源之前，必须先评估来自各式"污染"的贡献。

Al_2O_3、TiO_2 及 HFSE（Th、Zr、Hf 和 Sc）等元素被认为在风化、成岩过程以及热液作用下是稳定不会改变的，因此将它们作为检测污染的指标（Kato et al.，1996；Basta et al.，2011）。司家营铁矿床的矿石 Al_2O_3 含量较低，分布在 0.007%～9.955%，平均值为 2.407%，再加上极低的 TiO_2 值（0.005%～0.516%，平均为 0.090%），表明司家营铁矿石的原始形成为较纯净的化学沉积。通常陆壳风化来源的沉积型铁矿石 SiO_2/Al_2O_3＜5，沉积变质型铁矿石 SiO_2/Al_2O_3 介于 5～10，火山沉积变质型铁矿石 SiO_2/Al_2O_3＞10（沈其韩等，2011），研究区铁矿石 SiO_2/Al_2O_3 分布在 5.90～5584.14，数值分布极不均匀，但是大都大于 10，少量介于 5～10，整体显示火山沉积变质型铁矿特征。海相-热液沉积物的 Sr/Ba 一般大于 1，而陆源沉积岩的 Sr/Ba 一般小于 1，研究区铁矿石 Sr/Ba 分布在 0.38～59.32，大部分大于 1，但也有少部分小于 1，整体显示了海相-热液沉积物特征，同时也表明有少量的陆源碎屑物质参与了铁矿的形成。Th/U 对岩石碎屑物质来源有一定的指示意义，若源岩主要为岛弧火山岩，比值为 2.5～3，当比值在 4.5 左右，源岩主要为沉积岩，当比值在 6 左右时，源岩主要为再旋回沉积岩（Bhatia and Taylor，1981；姚纪明等，2009；陈曹军，2012），司家营铁矿床矿石 Th/U 在 0.05～12.52，除个别样品大于 3，大部分都小于 3，表明成矿过程中可能有岛弧火山岩碎屑物质的加入，而陆源碎屑物质的影响较小。此外，Ni/Co 也可以区分陆源沉积与海相火山沉积铁矿，前者比值一般为 3～8，后者一般在 1～3.6（燕长海等，2012；陈曹军，2012；陈登辉等，2013），研究区铁矿石 Ni/Co 分布在 1.58～5.35，大部分都在 3 以下，少部分在 3 以上。总体而言，司家营铁矿床矿石主要具海相沉积来源特征，陆源碎屑对矿石形成的影响较小。

通过 Al/(Al+Fe+Mn)-Fe/Ti 关系图（图 7-1）可以看出陆源沉积物和热液物质的比例，热液物质中富含铁和锰，而远洋和陆源沉积物中富含铝和钛（Boström，1973）。司家营铁矿床的铁矿石 TFe_2O_3+MnO 含量较高，分布在 21.74%～58.07%，平均值为 42.42%，Al_2O_3+TiO_2 含量普遍较低，分布在 0.02%～10.67%，平均值为 2.55%，仅有 D1003-H2、D1007-B2 及 ZKN8-9-B3 较高，落在了 40%～60%的区域附近。而矿区变粒岩围岩均落入了现代太平洋上层沉积与现代陆源沉积物区域附近，围岩 Al_2O_3+TiO_2 含量普遍较高，分布在 13.85%～15.98%，平均值为 15.25%，而其 TFe_2O_3+MnO 含量偏低，在 4.60%～6.53%，平均值为 5.74%，说明围岩成岩过程受陆源碎屑影响较高，相比之下，陆源碎屑输入对于司家营铁矿床原始条带状铁建造形成的影响小得多。Y/Ho 是区别海相和非海相沉积环境的有用指标，陆地物质如火成岩或地表碎屑沉积物，均具有稳定的球粒陨石 Y/Ho（=28）的特征，现代海水具有超球粒岩 Y/Ho（>44）的特征（Nozaki et al.，1997；Bau and Dulski，1999）；而陆地物质与海水的混合会导致出现较低的 Y/Ho 的特征，本节所研究的围岩样品，其 Y/Ho 在 26.76~30.58，平均值为 28.80，符合陆地物质稳定的 Y/Ho（=28）的特征；而矿石样品的 Y/Ho 在 29.30~50.77，平均值为 39.04，区间跨度较大，且大部分都符合或靠近现代海水具有的 Y/Ho（>44）特征。

以上特征说明司家营铁矿床最初的形成可能是由海水和热液混合形成的，有少量的碎屑输入，但对于司家营铁矿床早期沉积影响不大，来自陆源碎屑物质的"污染"更是可以忽略不计。

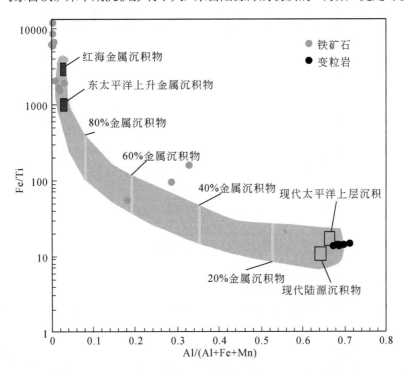

图 7-1　Al/(Al+Fe+Mn)-Fe/Ti 关系图（底图据 Boström，1973）

锆石通常含有较高的铪（Hf）含量，且铪同位素具有较高的封闭温度，使得即使在经历高级变质作用下，锆石铪同位素仍然可以不受影响而保持其初始比值，因此通过分析锆石铪同位素特征可以辅助解释锆石的成因及其经历的地质过程（孟洁等，2018）。

本次测得两个样品的锆石 $\varepsilon Hf(t)$ 值均为负数，变化范围为-14.22~-1.89，说明岩浆源区以古老地壳物质的熔融为主。片麻状混合岩（H12-9-3）的铪同位素一阶段模式年龄（T_{DM}）在 3027~2917Ma，二阶段模式年龄（T_{2DM}）在 3148~3341Ma，而其锆石 $^{207}Pb/^{206}Pb$ 年龄仅在 2504~2571Ma，一阶段模式年龄和二阶段模式年龄明显大于锆石形成年龄，表明其岩浆源区受到过古老地壳物质的混染；变质斜长花岗岩（H26-11-19）锆石 $^{207}Pb/^{206}Pb$ 年龄在 2095~2551Ma，一阶段模式年龄（T_{DM}）在 2922~3005Ma，二阶段模式年龄（T_{2DM}）在 3173~3551Ma，一阶段模式年龄和二阶段模式年龄明显大于锆石形成年龄，表明其岩浆源区受到古老地壳物质的混染。

此外，将所测铪同位素分析数据表示在 $\varepsilon Hf(t)$-$^{207}Pb/^{206}Pb$ 年龄图中（图 7-2），可见所有样品点都处于球粒陨石以下，也说明司家营铁矿床片麻状混合岩和变质斜长花岗岩原岩形成过程中以古老地壳物质的熔融为主，可能有少量亏损地幔物质的贡献。

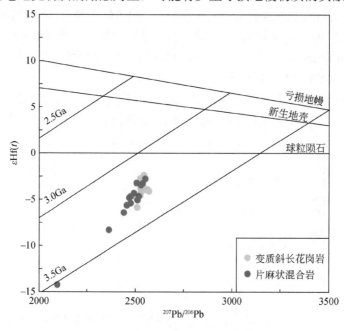

图 7-2　$\varepsilon Hf(t)$-$^{207}Pb/^{206}Pb$ 年龄图

司家营铁矿床主量元素主要由 SiO_2 和 TFe_2O_3 组成，矿石中 SiO_2+TFe_2O_3 含量为 78.79%～99.44%，平均值为 91.96%，普遍大于 90%，其他组分含量为 0.56%～21.21%，平均值为 8.04%，不超过 10%，反映出物质来源较单一的特征。

现代海水的稀土配分模式（REE+Y）表现为重稀土相对轻稀土富集，La、Y 正异常以及 Ce 负异常，来源于海底热液的条带状铁建造通常显示轻稀土相对亏损，重稀土相对富集特征，同时 Eu 正异常是海底高温热液的典型特征，无论是阿尔戈马型还是苏必利尔型均具有明显的 Eu 正异常（1.33～6.5）（Klein，2005；李志红等，2008，2010）。司家营铁矿床矿石经 PAAS 标准化后呈现轻稀土相对亏损，重稀土相对富集的稀土元素配分模式（图 4-5），具有相对较弱的 La 正异常（La/La*=1.02～2.35，平均值为 1.52）、较明显的 Y 正异常（Y/Y*=1.07～2.00，平均值为 1.49）、微弱的 Ce 负异常（Ce/Ce*=0.84～1.01，平均值为 0.93），反映出与现代海水相似的稀土配分模式和地球化学特征，表明司家营铁矿床属于前寒武纪海洋化学沉积物。研究区铁矿石具明显的 Eu 正异常（Eu/Eu*=1.03～2.95，平均值为 1.59），表示其成矿物质来源具明显的海底热液特征。

利用 A-C-（F+M）图解尝试对司家营铁矿床矿石进行原岩恢复（图 7-3），可见大部分矿石落在了Ⅵ+Ⅶ硅铁质岩亚类+镁质岩（硅铁质岩亚类原岩为胶体化学沉积及泥质岩；镁质岩原岩为超基性岩）区域或附近，同时区内铁矿石具有很低的 MnO/TFe_2O_3，分布在 0～0.01，平均值为 0.004，较低的 Co/Zn，分布在 0.04～0.55，平均值为 0.15，较低的 Ni/Zn，分布在 0.11～1.16，平均值为 0.43，与热液成因的沉积变质型铁矿床 Ni/Zn（0.08～0.78）

和 Co/Zn（平均值为 0.15）相近。

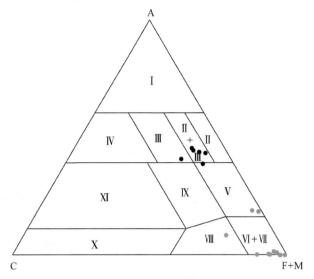

图 7-3　A-C-（F+M）图解（底图据王仁民等，1987）

黑色-变粒岩；绿色-铁矿石

Ⅰ-纯铝硅酸盐岩石亚类（原岩为纯泥质岩）；Ⅱ-镁铁铝硅酸盐岩石亚类（原岩为铁质泥质岩）；Ⅲ-碱土铝硅酸盐岩石亚类（原岩为中性-酸性火山岩）；Ⅳ-钙铝硅酸盐岩石亚类（原岩为钙质泥质岩）；Ⅴ-铝镁铁质岩类（原岩为胶体化学沉积）；Ⅵ硅铁质岩亚类（原岩为胶体化学沉积及泥质岩）；Ⅶ-镁质岩（原岩为超基性岩）；Ⅷ-碱土低铝质岩（原岩为超基性火山岩及部分白云质岩石）；Ⅸ-碱土铝质岩类（原岩为基性火山岩及部分泥灰质岩石）；Ⅹ-钙硅酸盐岩亚类（原岩为碳酸盐沉积岩）；Ⅺ-铝土钙质岩石亚类（原岩为泥灰质沉积岩）

$\sum=Al_2O_3+CaO+2TFe_2O_3+MgO$（分子数）；$A=Al_2O_3/\sum\times100$；$C=CaO/\sum\times100$；$F=2TFe_2O_3/\sum\times100$；$M=MgO/\sum\times100$

Al-Fe-Mn 图解可以反映岩石与海底热液的成因联系，研究区铁矿石均落入热水沉积区域（图 7-4），显示出与海底热液的亲缘关系，而变粒岩围岩样品都投入非热水沉积区域，证明围岩成岩阶段受陆源碎屑影响更大，而矿体原始沉积时期主要受海底热液影响。

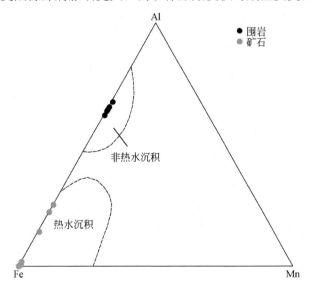

图 7-4　Al-Fe-Mn 图解（Adachi et al.,1986）

利用保守的双端元混合线投图发现 Y/Ho-Eu/Sm 图解（图 7-5）、Y/Ho-Sm/Yb 图解（图7-6）和 Sm/Yb-Eu/Sm 图解（图 7-7）中，矿石样品均处于 0.1%、1%热液流体与海水混合的区域，高温热液作用被认为是世界范围内沉积变质型铁矿床的共同特征，司家营矿石与世界上许多沉积变质型铁矿床被确定为海水和高温热液流体的贡献（<1%）基本一致。暗示了司家营铁矿石是从少于 1%的热液流体与海水混合的高温热液流体中沉淀出来的，表现出其具有热液沉积成因的特征。

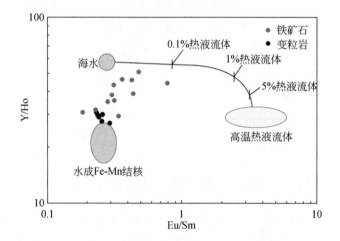

图 7-5　Y/Ho-Eu/Sm 图解（底图据 Alexander et al.，2008）

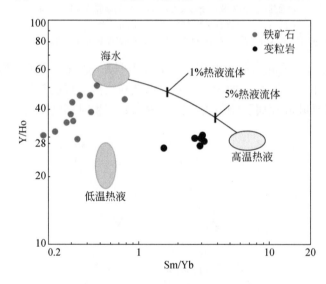

图 7-6　Y/Ho-Sm/Yb 图解（底图据 Alexander et al.，2008）

综合上述特征，认为司家营铁矿床的成矿物质来源是海底环境中的高温热液流体和海水混合，少量的碎屑输入对于矿床原始沉积影响不大。

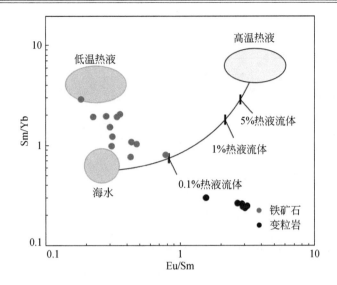

图 7-7　Sm/Yb-Eu/Sm 图解（底图据 Alexander et al.，2008）

7.2　成 矿 流 体

在 SiO_2-Al_2O_3 判别图解中（图 7-8），司家营铁矿石样品大部分落入热液区，仅有一个落入水成区，暗示司家营铁矿床成矿物质沉积时与海底热液活动有关，同时围岩样品也均落入水成区，说明成矿成岩时期，司家营铁矿床长期处于海洋环境，海底热液流体可能为硅铁建造的形成提供大量的成矿物质。

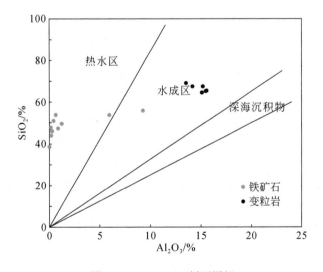

图 7-8　SiO_2-Al_2O_3 判别图解

通过 Ce/Ce*-Pr/Pr*判别图解（图 7-9）投点发现，围岩与矿石均分布在高温流体附近，前文 Y/Ho-Eu/Sm 图解（图 7-5）、Y/Ho-Sm/Yb 图解（图 7-6）和 Sm/Yb-Eu/Sm 图解（图 7-7）中，矿石样品均处于 0.1%、1%热液流体与海水混合的区域。

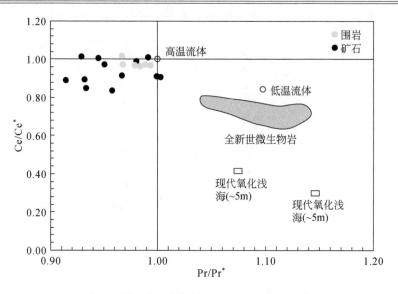

图7-9　Ce/Ce*-Pr/Pr*判别图解（据 Stern et al.，2013）

铁矿的铁氧化物氧同位素组成主要受流体类型、温度及自身矿物组成控制，因此也可以用来示踪成矿物质来源。氧同位素研究结果表明，高温的水岩交换作用（＞300℃）将使$\delta^{18}O$降低，反之，低温水岩交换作用将使岩石的$\delta^{18}O$值升高（郑永飞和陈江峰，2000；陈靖等，2014；骆文娟和孙剑，2019）。遭受低绿片岩相变质、未蚀变的磁铁矿的$\delta^{18}O$为4.1‰～6.0‰（Thorne et al.，2009）。司家营铁矿石即磁铁石英岩中$\delta^{18}O$为7.7‰～11.2‰，高值表明其形成可能与低温水岩交换作用有密切关系。

综上所述，司家营铁矿床原始沉积相关的成矿流体来源于海底的高温热液与海水的混合流体，而较高的$\delta^{18}O$值可能是由于后期随着火山间歇期海水温度缓慢下降，相对低温的变质流体蚀变作用改造，破坏了磁铁石英岩的氧同位素平衡，使得$\delta^{18}O$值明显升高。

7.3　成　矿　机　制

新太古代晚期—古元古代早期（2.8～2.5Ga）为全球性的地壳生长事件，如今80%以上的陆壳形成于这一阶段（Zhai and Santosh，2011），广泛的构造作用为条带状铁建造的形成提供了重要的沉积环境（Simonson，2003；Bekker et al.，2010），同时火山活动带来的高温热液与海水混合造就了火山-海水热液系统，为条带状铁建造形成提供了大量的物质来源（田辉等，2019；王明格，2019；石康兴等，2021）。我国华北克拉通也出现了该期地壳生长事件（Zhai and Santosh，2011），华北克拉通地壳生长的两个主要时期为2.80～2.70Ga 和 2.60～2.50Ga（Han et al.，2014），在～2.5Ga 发育了最强烈的构造热事件，而华北克拉通条带状铁建造的形成峰期集中在2.56～2.52Ga，说明与该时期地壳增生事件和华北克拉通化的完成密不可分（田辉等，2019）。这次地壳增生事件在司家营铁矿矿集区也有响应：Cui 等（2014）在司家营铁矿床黑云斜长片麻岩和黑云变粒岩中测得 2543～2535Ma的 SIMS 锆石 U-Pb 年龄；陈靖（2014）在司家营铁矿床黑云变粒岩和片麻状二长花岗岩中测得 2539±9Ma 的 SHRIMP 锆石 U-Pb 年龄；张龙飞（2015）在司家营铁矿床黑云变粒岩和黑云斜长片麻岩中测得 2545～2536Ma 的 SHRIMP 锆石 U-Pb 年龄，以及作者从研究区片麻状混合岩、变质斜长花岗岩中测得的 2536.3±6.5Ma、2517±12Ma 的 LA-ICP-MS 锆石 U-Pb 年龄，都与华北克拉通地壳增生事件的时间契合，且前人均认为司家营地区该时段的岩浆活动与华北克拉通地壳伸展有关（Cui et al.，2014；陈靖，2014；张龙飞，2015）。尽管该次构造-热事件的构造模式仍存在争议，但是～2.5Ga 的构造热事件很可能为该时段的条带状铁建造提供了物质来源和稳定的沉积环境，为之后在区域变质作用、混合岩化等变质变形叠加作用下，广泛形成铁矿床提供了重要的前提条件（索青宇，2020；崔伟等，2022b；李厚民等，2022）。

7.3.1 成矿大地构造背景

太古宙条带状铁建造的形成是地幔、构造、大洋和大气等综合作用的结果（Bekker et al.，2010；万渝生等，2012）。2.7Ga 强烈的构造热事件在全球范围内形成了规模巨大的克拉通（Condie and Aster，2010），为巨型条带状铁建造提供了所需的稳定沉积环境和铁的物质来源（万渝生等，2012）。而华北克拉通胶辽陆块、迁怀陆块、徐淮陆块、许昌陆块、集宁陆块、鄂尔多斯陆块和阿拉善陆块等七个微陆块的拼合碰撞（张龙飞，2015），导致了广泛的岩浆活动以及变质作用，为司家营铁矿床的形成提供了物质来源。

阿尔戈马型沉积变质型铁矿床主要形成于太古宙和古元古代绿岩带的火山-沉积建造中（Gross，1980，1995），对于绿岩带形成的大地构造背景，有陆内裂谷、岛弧、弧后盆地-小洋盆及大洋组合等不同意见（Veizer，1983；Gross，1980；张连昌等，2012；翟明国，2012）。对于冀东地区沉积变质型铁矿床的构造背景已经做出了丰富的研究成果：李厚民等（2012a）指出我国沉积变质型铁矿床多数形成于初始克拉通火山盆地，部分形成于大陆边缘裂谷海盆、断陷海盆热水沉积盆地，少量产于陆缘浅海沉积盆地；Zhang 等（2011）表示冀东地区迁西岩群的水厂铁矿形成于弧后盆地或形成于弧内盆地；Zhang 等（2012）指出冀东地区遵化岩群的石人沟铁矿可能形成于岛弧盆地；崔敏利（2012）曾研究司家营铁矿床的花岗闪长片麻岩与黑云斜长片麻岩，认为它们均具有火山岛弧花岗岩特征。

作者通过利用 [(al+fm)-(c+alk)]-si 图解（图 4-3a）、Si-Mg 图解（图 4-3b）、TiO_2-SiO_2 图解（图 4-3c）、Zr/TiO_2-Nb/Y 图解（图 4-3d）、A-C-（F+M）图解（图 7-3）对司家营铁矿床与矿石密切相关的变粒岩围岩进行原岩恢复，发现围岩原岩为泥质岩-英安岩，在 A-C-（F+M）图解中，铁矿体围岩均落入 II+III 镁铁铝硅酸盐岩石亚类（原岩为铁质泥质岩）、碱土铝硅酸盐岩石亚类（原岩为中性-酸性火山岩）区域或附近，暗示了矿床原始成矿环境可能为弧后盆地环境。在岩浆岩 Rb-(Y+Nb) 与 Nb-Y 构造环境判别图解（Pearce et al.，1984；Pearce and Leng，1996）（图 7-10、图 7-11）中，围岩均落在火山弧花岗岩区域，在 La-Th-Sc 判别图解（Bhatia and Crook，1986）中，围岩落入大陆岛弧区域（图 7-12）。在司家营附近的遵化市石人沟铁矿床和迁安市水厂铁矿床两个典型的沉积变质型铁矿床也获得了与研究区相同的结果，并被解释为在岛弧环境中形成（Zhang et al.，2011；Zhang et al.，2012）。

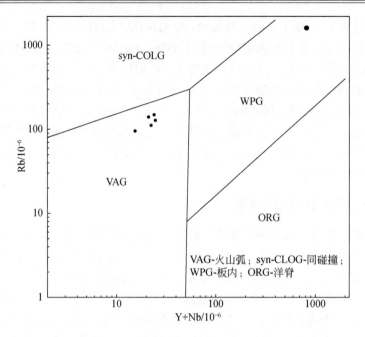

图 7-10　Rb-(Y+Nb)构造环境判别图解（据 Pearce et al., 1984）

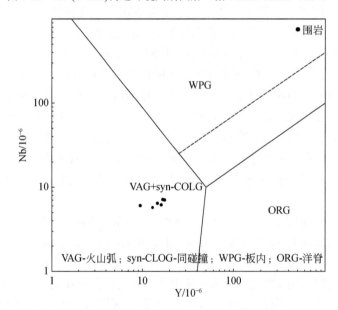

图 7-11　Nb-Y 构造环境判别图解（据 Pearce et al., 1984）

研究区围岩 Al_2O_3/TiO_2 较高，分布在 28.94～38.37，平均值为 32.42，高铝钛的地球化学特征表现出了壳源岩浆的亲缘性。在微量、稀土元素蛛网图上（图 4-4、图 4-5）表现出了研究区矿石围岩亏损 Nb、Ta、Ti、Sr 等元素，富集 Rb、K、La、Th、U、Zr、Hf 等元素，相对亏损重稀土元素及高场强元素而富集轻稀土元素的特征，显示出岛弧岩石的特征，具有明显的壳源岩浆特征（Winter, 2001），反映了司家营沉积变质型铁矿床形成于岛弧或者弧后盆地环境的可能性。相比于冀东地区的水厂铁矿床与石人沟铁矿床，司家营铁矿床的地理位置在新太古代距离火山更远，原始岩石比前者包含更多的沉积岩（Cui et al.，2014），这指示了司家营铁矿床更倾向于形成弧后盆地，而非岛弧环境。

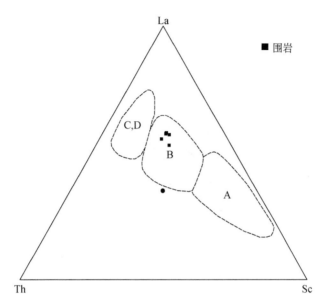

图7-12 La-Th-Sc判别图解（据Bhatia and Crook，1986）

A-大洋岛弧；B-大陆岛弧；C-活动大陆边缘；D-被动大陆边缘

现今关于华北克拉通在～2.5Ga发生的构造热事件主要存在两种模式：一种是岛弧岩浆作用模式（万渝生等，2005；Kusky et al.，2011；万渝生等，2012；Kröner et al.，2015）；另一种是地幔柱的板底垫托作用导致华北克拉通新太古代晚期陆壳生长（Zhao et al.，2000；耿元生等，2006，2010；万渝生等，2012）。

华北克拉通的太古宙变质作用可以通过温度-压强走势图来解释（图7-13），可以看出包括冀东地区在内的华北克拉通温压路径是逆时针的，通常这样的逆时针路径可能出现在大陆裂谷区、大陆弧区以及地幔柱构造区（Zhao et al.，1998；Wu et al.，2012）。

然而，大陆裂谷环境模型无法解释2.60～2.50Ga花岗岩类的广泛暴露，缺乏丰富的碱侵入体；大陆岩浆弧环境模型无法解释华北克拉通晚新太古代基底岩石的地质特征；相比之下，地幔柱模型更好地解释了华北克拉通东部地块的构造背景，包括大规模侵入体、双峰式火山组合以及镁铁质岩石等之间的关系。此外，全球地幔柱事件发生年代为3.8～1.6Ga，Isley和Abbott（1999）将地幔柱活动细分为2.75～2.70Ga、2.50～2.40Ga、2.25～2.20Ga、2.0～1.86Ga四期，前三期对应于沉积变质型铁矿床丰度增强阶段，第四期则对应沉积变质型铁矿床的产出，地幔柱活动的期次与前寒武纪沉积变质型铁矿床的时代分布特征刚好吻合。

综上所述，司家营铁矿矿集区变粒岩围岩以及变质斜长花岗岩、片麻状混合岩形成于弧后盆地构造环境，并有地幔柱的叠加作用，代表了司家营沉积变质型铁矿床沉积时的构造环境。它不仅可以解释司家营铁矿床的岩石学和地球化学特征，还可以解释司家营铁矿床的铁和硅来源，其不仅能为条带状铁建造的沉淀提供了铁的来源，还能释放还原剂（如H_2、H_2S）来改变海水的氧化-还原状态。在该理论中，指示了富铁流体和富硅流体来源为地幔柱，而 0.1%的高温热液流体和海水混合是条带状铁建造形成的主要原因（Isley and Abbott，1999）。

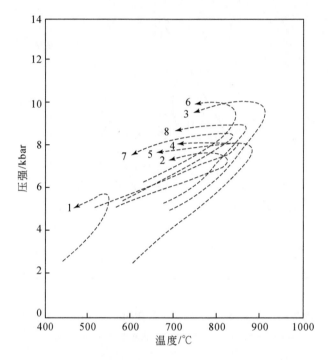

图 7-13　华北克拉通各种基底岩石的温度-压强走势图（据 Moon et al.，2017）

1-鲁西；2-冀东；3-辽西；4-联宁北部；5-山东东部；6-密云承德；7-吉林南部；8-沂水

1bar=10⁵Pa

7.3.2　控矿条件

综合分析控矿的各种地质因素，结合以往研究成果，认为原岩建造是控矿的根本条件，构造是控矿的主要因素，变质作用决定铁矿床的可选性。

1.原岩建造是控矿的根本条件

原岩建造是沉积变质型铁矿床控矿的根本条件，钱祥麟等（1985）将冀东地区的铁矿床含矿原岩建造分为四个基本类型，即火山岩系-硅铁建造、含沉积岩的火山岩系-硅铁建造、火山岩系-沉积岩系-硅铁建造和含火山岩的沉积岩系-硅铁建造。每一类建造中都有铁矿的沉积，具有多层位的特点，但发育的强度和规模大不相同，区内变质结晶基底与含矿原岩建造的发育也具有一定的规律性，其中迁西岩群主要发育了火山岩系-硅铁建造、含沉积岩的火山岩系-硅铁建造，遵化岩群与滦县岩群主要发育了火山岩系-沉积岩系-硅铁建造，朱杖子岩群主要发育了含火山岩的沉积岩系-硅铁建造（高孝敏等，2016），基本规律是随着火山岩的减少、沉积岩的增多，矿层沉积的规模越来越大，而铁矿在迁西岩群和滦县岩群发育程度最强（崔伟等，2022a）。

对于司家营铁矿床，原岩建造类型为火山岩系-沉积岩系-硅铁建造。矿集区变质结晶基底岩层属滦县岩群，为一套黑云斜长变粒岩-磁铁石英岩建造，变质程度普遍达到角闪岩相。我们通过利用地球化学图解（图 4-3、图 7-3）恢复其原岩是一套火山岩与沉积岩并重的原始含铁建造，同冀东地区其他含铁原岩建造相比较，司家营铁矿床具有规模巨大、分布集中、厚度大、层位稳定、延伸远的特点（河北省地质矿产勘查开发局第二地质大队，2021）。故该原岩建造使得司家营铁矿矿集区成为寻找大中型沉积变质型铁矿床最有利的地区之一。

2. 构造是控矿的主要因素

冀东地区原始铁建造沉积之后，经历了多期次构造运动，使原始建造遭受了隆起与凹陷、褶皱、断裂等多重改造作用，形成了复杂多样的矿体形态以及矿带分布格局。

隆起与凹陷对区域性矿带分布有明显的控制作用。隆起地段由于剥蚀作用强，易造成含矿岩系和矿体的风化剥蚀，矿层不易保存，凹陷地段虽矿层易于保存，但由于盖层厚、矿层埋藏太深，不利于勘查、开发、利用，而隆起的边缘及隆起与凹陷的交接部位，盖层薄，剥蚀程度较低，矿体埋藏浅或出露地表，保存较完整，是找矿的最有利地区（崔伟等，2022b）。

冀东地区变质基底经过多期次构造运动的叠加作用，褶皱和断裂对铁矿床的形态和分布有明显的控制作用，褶皱可以控制矿带的空间展布，还可以造成局部矿体的加厚，而断裂对铁矿床的控制则有两面性，一面是破坏、错断矿层的完整性，另一面是保护矿层免受剥蚀（沈其韩等，2016）。例如，迁安地区铁矿体主要表现为向形聚敛构造控矿，后期断裂系统对铁矿层主要表现为使完整连续的层状矿体被错断而形成许多断块的破坏作用（韩鑫，2017）；滦州市—滦南县地区铁矿体受背形控制，矿体群处于大巫岚-卢龙区域断裂的下降盘而得以保存，形成冀东铁矿最富集地段（崔伟等，2022a）。

司家营铁矿床位于山海关台拱的西缘与开滦台凹的交接地段，属隆起与凹陷的交接部位，基本构造格局由自东向西近南北向的阳山复式倒转背形（f1）和司马长复式倒转向形（f2）构成（图 2-7），该褶皱带规模较大，控制着司家营铁矿床的形态、空间分布、规模及产状。加之司家营铁矿床盖层薄，矿体埋藏浅，北区矿体直接出露地表，剥蚀程度较低，矿层保存较完整，因此司家营铁矿床成为冀东地区规模最大、保存最好、最典型的沉积变质型铁矿床。司家营铁矿矿集区变质基底岩石的褶皱构造十分强烈，对铁矿床的分布和形态有明显的控制作用，但由于断层的破坏、新太古代变质深成岩的大面积侵入、后期构造的叠加等，褶皱形态通常支离破碎，难于辨认。目前矿集区内矿体经勘查证实为单斜构造，但在平面和剖面上都呈现着不同尺度的波状起伏和褶皱。总体看司马长复式倒转向形与区内断裂构造共同控制着矿集区内沉积变质型铁矿床的空间展布、形态、规模和产状。

3. 变质作用决定铁矿床的可选性

变质作用对铁矿床的控制，主要表现为矿石矿物成分和结构构造的变化，即沉积矿物组合被改造为相应的变质矿物组合，隐晶结构、细粒结构经过重结晶作用变为显晶结构、粗粒结构，条纹条带状构造保存延续下来（钱祥麟等，1985）。这些矿物成分和结构构造的变化增加了矿石可选性，提高了矿床经济价值。通常来说，沉积变质型铁矿床的变质程度越高，矿石可选性越好。冀东地区变质结晶基底普遍遭受了区域性的混合岩化作用，对矿体造成了集中影响，包括混合脉体沿构造裂隙或顺层注入矿层，破坏矿层的连续产状，改变矿体形态，造成一定的破坏和贫化作用；混合岩化也会对矿石结构构造造成影响，通常混合岩化越强烈，矿石颗粒越粗；混合岩化热液会产生"去硅富铁"过程，使贫矿石转化成富矿石。

研究区内普遍发育变质作用与混合岩化作用，变质程度从低级的绿片岩相到高级的麻粒岩相均有发育，对含矿岩层铁矿床的形态、厚度、矿石矿物成分与结构构造均有影响。主要体现在将原始沉积的矿物组合改造为对应的变质矿物组合，岩石矿物的重结晶作用造成结构构造的变化，如本次研究对区内条带状、条纹状、细纹状、块状不同构造的矿石进行电子探针研究，发现随着变质程度的升高，矿石构造除会发生规律性变化外，其磁铁矿单矿物中的铁也会进一步富集，含量增加。同时研究区内的混合岩化作用也使矿石重结晶颗粒加粗，混合岩化热液产生的"去硅富铁"也使得局部形成了一定少量的富铁矿。

7.3.3 赋矿围岩特征

滦县岩群阳山岩组是司家营铁矿床的赋矿地层，其围岩主要为变粒岩类、混合岩类、片岩类和云母石英岩类。变粒岩类主要为黑云斜长变粒岩，是区内主要含矿岩系，是本区各矿体的主要近矿围岩和夹石，多受轻微的混合岩化作用，产状与矿体一致；混合岩类以片麻状混合岩、混合花岗岩为主，主要分布于矿体顶板黑云斜长变粒岩之上；片岩类较少，其中绿泥石英片岩在区内零星分布，主要为矿体的顶板或夹石，厚度薄，沿走向和倾向连续性差，呈薄层状和透镜状，产状与矿体一致。云母石英岩类，以云母石英岩为主，赋存在矿体中部或底板，断续分布，厚度不稳定。

司家营铁矿床的含矿原岩建造为火山岩系-沉积岩系-硅铁建造，通过主量元素特征研究发现，围岩的原岩主要为铁质泥质岩、中酸性火山岩（英安岩）等（图 4-3、图 7-3），而司家营铁矿床铁质来源主要与海底火山喷发形成的热液和海水的混合流体有关，因此司家营铁矿床的围岩形成应当与中酸性火山岩有关。

通过野外实地调查，司家营铁矿床的富矿围岩都有明显的热液蚀变现象，包括绿泥石化、碳酸盐化、黑云母化等，这也是热液改造型富铁矿石的蚀变类型。围岩蚀变是受距离矿体远近控制的，通常来讲，靠近富矿体的围岩蚀变较强，而向外扩散则逐渐变弱（高孝敏等，2016）。

7.3.4 成矿机制

通过总结前人对司家营沉积变质型铁矿床成矿年龄的研究（表 5-4、表 5-5），结合本次研究测出的片麻状混合岩（2536.3±6.5Ma）、变质斜长花岗岩（2517±12Ma）的 LA-IC-PMS 锆石 U-Pb 年龄结果，将司家营铁矿床成矿年龄精确地限定为 2545～2533Ma，后期广泛的变质作用主要发生时间应为 2529～2517Ma。

通过总结对比前人关于司家营铁矿床区域地质、矿床地质、成矿时代、构造背景、矿床成因、后期改造作用的研究，初步探讨了司家营铁矿床的成矿模式，即提出成矿演化模式（图 7-14）（许英霞等，2015；张龙飞，2015；王明格，2019），主要的成矿演化期次可分为成铁盆地形成期、火山喷发期、火山间歇-气液活动硅铁沉积及混合岩化期、区域变质期四期，这之后还有与富铁矿形成有关的热液蚀变期和表生氧化期。

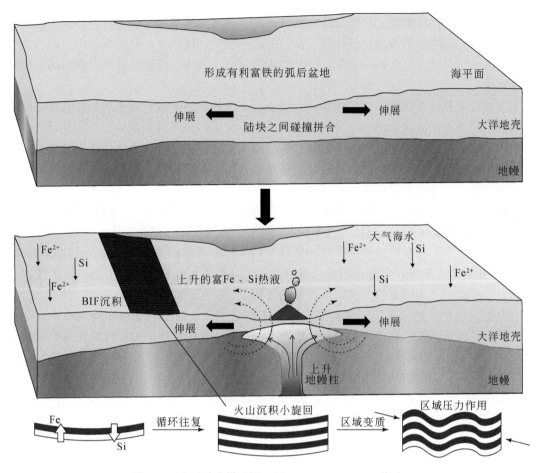

图 7-14　成矿演化模式图（据 Moon et al.，2017 修改）

　　成铁盆地形成期：在华北克拉通微陆块发生碰撞拼合之后，伴随着各种构造作用，在司家营铁矿矿集区形成有利于富铁的弧后断陷盆地。

　　火山喷发期：随着全球地幔柱事件发展，海底火山喷发，火山热气热液携带幔源铁镁物质进入海洋，同时伴随着高温熔融作用，使得新生洋壳被萃取释放出大量硅质、铁质溶于水体中，使得初期的硅、铁大量赋存于深部海水，为司家营铁矿床的形成提供充足的物质基础。

　　火山间歇-气液活动硅铁沉积及混合岩化期：由于前期的海底热液作用导致高温海水以及气液进入活动期，对海底岩石中的硅、铁物质进行淋滤或萃取。海底火山活动使海水温度上升形成海底热液，在火山间歇期，在上升洋流以及海底热液对流等作用下，溶解了大量 Fe^{2+} 的洋底海水被运移到大陆边缘浅海盆地，Fe^{2+} 在层化海洋氧化-还原界面与上部氧化层附近氧化为 Fe^{3+}，$Fe(OH)_3$ 大量沉淀。并且在火山间歇期，海水温度并不会骤然下降，而是在相当长时期内存在高温环境，并发挥作用，硅、铁物质由于物化性质的差异，会随温度等环境变化导致结晶存在差异性，就造成了硅、铁在原岩中初步分离。由于洋流活动是周期性的，火山活动具有多旋回性，每一个旋回的成岩物质都具有一定的差异性，导致不同时期不同区域新形成的洋壳岩石基性程度存在差异。同时，在大规模火山活动的间歇期，深部热流会持续喷发，它们与海水热流一并开始对新形成的洋壳进行侵蚀、淋滤或形成新的富含硅铁物质的混合热液流体，在这些流体的共同作用下，使已经初步分离的洋壳的硅铁进一步分离，以此循环往复，硅、铁物质分离、沉淀、变质，最终形成原始条带状硅铁建造。

区域变质期：在原始条带状硅铁建造形成后，大规模的区域变质作用紧随其后，使得原始沉积的条带状硅铁建造进一步发生变形变质，主要经历了达到角闪岩相的变质作用。在变质变形过程中，原始沉积的条带状硅铁建造的组分发生分异，铁质最终形成磁铁矿，硅质发生重结晶形成石英，矿物颗粒发生重结晶作用，矿物颗粒变粗，形成有经济价值可开发利用的沉积变质型铁矿床。

热液蚀变期：在司家营沉积变质型铁矿床形成后，矿体遭受了一定的热液蚀变，包括绿泥石化、碳酸盐化、黑云母化等蚀变作用。蚀变热液主要来自混合岩化热液或变质热液，而沉积变质型铁矿床的磁铁矿富矿体的形成与热液蚀变息息相关（Duuring and Hagemann，2013）。在热液作用下，已形成条带状硅铁建造的硅质发生迁移，残留的磁铁矿形成富铁矿石，即推动了"去硅富铁"改造贫铁矿的进程。

表生氧化期：司家营沉积变质型铁矿床在遭受了一系列变质变形作用后被抬升至地表，在大气以及深部、浅部流体的氧化作用下，抬至地表的磁铁矿被氧化成赤铁矿和假象赤铁矿，因此在地表可见司家营沉积变质型铁矿床整体呈现黑色建造而上部有一层"红矿"（赤铁矿化矿石）的宏观特征。

结 语

不论是在国际上还是在我国，沉积变质型铁矿床都是最重要的铁矿床类型。华北克拉通是我国最重要的沉积变质型铁矿床矿集区，冀东地区位于华北克拉通北缘中部，铁矿床分布广泛，且具有工业意义的铁矿床均属沉积变质型。司家营铁矿床是冀东地区规模最大、保存最完好、最典型的沉积变质型铁矿床。作者通过对冀东司家营铁矿床进行包括矿物学、主微量元素、铁氧同位素、U-Pb 年龄、Lu-Hf 同位素的综合研究，取得如下成果。

（1）测定了片麻状混合岩和变质斜长花岗岩的 U-Pb 年龄，将司家营铁矿床成矿年龄限定于 2545～2533Ma，伴随着冀东地区条带状铁建造沉积高峰的结束，广泛的变质作用紧随其后，因此将司家营铁矿床变质作用的主要发生时间确定为 2529～2517Ma。

（2）通过对矿区磁铁石英岩（主要矿石）以及变粒岩（主要围岩）主量、微量和稀土元素系统的研究，认为条带状铁建造是与海底热液关系紧密的海相化学沉积，同时证明了司家营铁矿床富铁矿石是由热液蚀变改造形成的。

（3）原位铪同位素研究表明岩浆源区受到过古老地壳物质的混染，司家营铁矿床的片麻状混合岩和变质斜长花岗岩原岩形成过程中以古老地壳物质的熔融为主，可能有少量亏损地幔物质的贡献，排除了陆源碎屑对成矿作用的影响，认为成矿流体类型应当为地幔柱岩浆作用下高温热液与海水的混合流体。

（4）对司家营铁矿床围岩与矿石主微量元素、铁氧同位素的研究，表明成矿成岩时期，司家营铁矿床长期处于海洋环境，司家营条带状铁建造沉积形成于低氧逸度还原海洋环境，建立了司家营铁矿床的早期沉积模式：在全球地幔柱事件的背景下，海底火山喷发，携带幔源铁镁物质进入海洋，在还原环境下，以 Fe^{2+} 形式溶解在下部海水、大气降水与海底高温热液的混合溶液中。进入古元古代后，大氧化事件初期的海洋，上层氧化下层还原，在上升洋流等作用下，溶解了大量 Fe^{2+} 的洋底海水被运移到大陆边缘浅海盆地，Fe^{2+} 在层化海洋氧化-还原界面与上部氧化层附近氧化为 Fe^{3+}，$Fe(OH)_3$ 大量沉淀，由于洋流活动是周期性的，于是形成了初始的条带状铁建造。

（5）通过综合分析司家营铁矿床的矿床地质及地球化学特征，认为混合盐化作用可以在机械破坏作用、改变矿石的结构构造、同化作用下，达到提高矿床品位及工业价值的目的，是司家营铁矿床成矿必不可少的重要条件。

（6）对矿区矿石中磁铁矿进行深入研究，综合分析矿床地质和地球化学特征，与世界典型沉积变质型铁矿床进行对比，认为司家营铁矿床具有典型的阿尔戈马型沉积变质型铁矿床特征。

（7）本次研究将矿床成因机制总结概括为：在成铁盆地形成期，冀东司家营地区形成了古陆核边缘的弧后断陷盆地。在火山喷发期，在地幔柱岩浆作用下，携带幔源铁镁质物质的高温热气热液进入海洋，伴随着高温熔融作用，使新生洋壳释放出硅质、铁质。在火山间歇-气液活动硅铁沉积及混合岩化期，溶解了大量 Fe^{2+} 的洋底海水被运移到大陆边缘浅海盆地，Fe^{2+} 在层化海洋氧化-还原界面与上部氧化层附近氧化为 Fe^{3+}，$Fe(OH)_3$ 大量沉淀：由于物化性质的差异导致随温度等环境变化，元素结晶存在差异，硅、铁在原岩中分离，又因火山活动具有多旋回性，每次海底喷发活动都带来大量新的富含硅铁物质的混合热液流体，以此循环往复，硅、铁物质沉积、分离、变质，形成原始条带状硅铁建造。之后在区域变质期大规模的区域变质作用下，矿床进一步经历绿帘-角闪岩相为主的变质作用，含铁硅质岩组分发生分异，最终形成有经济价值可开发利用的沉积变质型铁矿床。而后期的热液蚀变期推动了"去硅富铁"改造贫铁矿的进程，是矿区富铁矿的主要形成阶段。进入表升氧化期，司家营沉积变质型铁矿床被抬升至地表，在大气以及深部、浅部流体的氧化作用下，磁铁矿被氧化成赤铁矿和假象赤铁矿。

需申明的是，上述成果一部分是对前人认识的深化，一部分是本次研究的初步成果和认识，可能存在诸多需要完善的地方、谬误、疏漏，希望广大同仁不吝赐教，批评指正。

参 考 文 献

陈曹军. 2012. 新疆塔什库尔干地区铁矿床成矿规律及找矿方向研究[D]. 北京: 中国地质大学(北京).

陈登辉, 伍跃中, 李文明, 等. 2013. 西昆仑塔什库尔干地区磁铁矿矿床特征及其成因[J]. 大地构造与成矿学, 37(4): 671-684.

陈光远, 黎美华, 汪雪芳, 等. 1984. 弓长岭铁矿成因矿物学专辑 第二章 磁铁矿[J]. 矿物岩石, 4(2): 14-41.

陈靖. 2014. 冀东司家营铁矿床地质地球化学特征与成矿作用[D]. 北京: 中国地质科学院.

陈靖, 李厚民, 李立兴, 等. 2014. 冀东司家营 BIF 铁矿流体包裹体及氧同位素研究[J]. 岩石学报, 30(5): 1253-1268.

程素华, 游振东. 2016. 变质岩岩石学[M]. 北京: 地质出版社.

程裕淇. 1953. 对于勘探中国铁矿问题的初步意见[J]. 地质学报, (2): 120-133, 183.

程裕淇. 1957. 中国东北部辽宁山东等省前震旦纪鞍山式条带状铁矿中富矿的成因问题[J]. 地质学报, 37(2): 153-176.

程裕淇, 陈毓川, 赵一鸣, 等. 1983. 再论矿床的成矿系列问题[J]. 地球学报, 6(8): 1-64.

崔敏利. 2012. 冀东晚太古代司家营 BIF 铁矿的形成时代、构造背景及其成因[D]. 北京: 中国科学院地质与地球物理研究所.

崔培龙. 2014. 鞍山一本溪地区铁建造型铁矿成矿构造环境与成矿、找矿模式研究[D]. 长春: 吉林大学.

崔伟, 董国明, 高孝敏, 等. 2022a. 冀东司家营铁矿矿床特征及找矿方向分析[J]. 河北地质大学学报, 45(4): 20-28.

崔伟, 董国明, 郑思光, 等. 2022b. 冀东沉积变质型铁矿成矿规律及找矿方向[J]. 地质与勘探, 2022, 58(5): 989-1000.

代堰锫, 张连昌, 王长乐, 等. 2012. 辽宁本溪歪头山条带状铁矿的成因类型、形成时代及构造背景[J]. 岩石学报, 28(11): 3574-3594.

丁文君. 2010. 迁安铁矿地球化学特征及其对矿床成因的指示[D]. 北京: 中国地质大学(北京).

方思傑, 张兴康, 胡邦红. 2017 冀东地区茨榆坨铁矿的地质特征初步探讨[J]. 世界有色金属, 24(3): 151-153.

甘德清, 李晶, 许英霞, 等. 2015. 水厂铁矿磁铁矿矿石工艺矿物学研究[J]. 金属矿山, 12: 98-101.

高吉凤. 1981. 冀东迁安滦县含铁岩系变质作用的特征[J]. 中国地质科学院地质研究所所刊, 3: 25-44.

高孝敏, 许英霞, 贾东锁, 等. 2016. 冀东地区沉积变质型(富)铁矿控矿条件研究[M]. 秦皇岛: 燕山大学出版社.

耿元生, 沈其韩, 张宗清. 1999. 冀东青龙地区浅变质岩系的钐-钕同位素年龄及其地质意义[J]. 中国区域地质, 18(3): 48-53.

耿元生, 杨崇辉, 万渝生. 2006. 吕梁地区古元古代花岗岩浆作用——来自同位素年代学的证据[J]. 岩石学报, (2): 305-314.

耿元生, 沈其韩, 任留东. 2010. 华北克拉通晚太古代末-古元古代初的岩浆事件及构造热体制[J]. 岩石学报, 26(7): 1945-1966.

郭维民, 董永观, 邢光福, 等. 2013. 巴西铁四角地区铁矿床研究进展[J]. 地质科技情报, 32(5): 65-72.

韩鑫. 2017. 冀东迁安太古宙 BIF 型铁矿床: 构造控制与改造[D]. 北京: 中国地质大学(北京).

河北省地质矿产勘查开发局第二地质大队. 2021. 河北司家营铁矿矿集区矿产地质调查(司家营北部地区)课题成果报告[R]. 石家庄: 河北省地质矿产勘查开发局.

河北省地质调查院. 2016. 滦南-遵化铁矿整装勘查区示范成果报告[R]. 石家庄: 河北省地质矿产勘查开发局.

河北省区域地质矿产调查研究所. 2017. 中国区域地质志·河北志[R]. 北京: 地质出版社.

洪为, 张作衡, 李凤鸣, 等. 2012. 新疆西天山查岗诺尔铁矿床稳定同位素特征及其地质意义[J]. 岩矿测试. 31(6): 1077-1087.

侯可军, 李延河, 田有荣. 2009. LA-MC-ICP-MS 锆石微区原位 U-Pb 定年技术[J]. 矿床地质, 28(4): 481-492.

江博明, B.欧弗瑞, J.柯尼协, 等. 1988. 中国冀东 3500Ma 斜长角闪岩系的野外产状、岩相学、Sm-Nd 同位素年龄及稀土地球化学[J]. 中国地质科学院地质研究所所刊, (18): 1-32.

李厚民, 陈毓川, 李立兴, 等. 2012a. 中国铁矿成矿规律[M]. 北京: 地质出版社.

李厚民, 王登红, 李立兴, 等. 2012b. 中国铁矿成矿规律及重点矿集区资源潜力分析[J]. 中国地质, 39(3): 559-580.

李厚民, 刘明军, 李立兴, 等. 2014. 弓长岭铁矿二矿区蚀变岩中锆石 SHRIMP U-Pb 年龄及地质意义[J]. 岩石学报, 30(5): 1205-1217.

李厚民, 李延河, 李立兴, 等. 2022. 沉积变质型铁矿成矿条件及富铁矿形成机制[J]. 地质学报, 96(9): 3211-3233.

李晶, 许英霞, 甘德清, 等. 2015. 冀东豆子沟铁矿石工艺矿物学特征[J]. 金属矿山, 10: 100-103.

李曙光. 1982. 弓长岭富磁铁矿床成因的地球化学模型[J]. 地球化学, 2: 113-121.

李文君, 靳新娣, 崔敏利, 等. 2012. BIF 微量稀土元素分析方法及其在冀东司家营铁矿中的应用[J]. 岩石学报, 28(11): 3670-3678.

李旭平, 陈妍蓉. 2021. 浅谈前寒武纪条带状铁建造的沉积-变质成矿过程[J]. 岩石学报, 37(1): 253-268.

李延河, 侯可军, 万德芳, 等. 2010. 前寒武纪条带状硅铁建造的形成机制与地球早期的大气和海洋[J]. 地质学报, 84(9): 1359-1373.

李延河, 张增杰, 伍家善, 等. 2011. 冀东马兰庄条带状硅铁建造的变质时代及地质意义[J]. 矿床地质, 30(4): 645-653.

李延河, 张增杰, 侯可军, 等. 2014. 辽宁鞍本地区沉积变质型富铁矿的成因: Fe、Si、O、S 同位素证据[J]. 地质学报, 88(12): 2351-2372.

李志红, 朱祥坤, 唐索寒. 2008. 鞍山-本溪地区条带状铁建造的铁同位素与稀土元素特征及其对成矿物质来源的指示[J]. 岩石矿物学杂志, 27(4): 285-290.

李志红, 朱祥坤, 唐索寒, 等. 2010. 冀东、五台和吕梁地区条带状铁矿的稀土元素特征及其地质意义[J]. 现代地质, 24(5): 840-846.

李智泉, 张连昌, 薛春纪, 等. 2018. 西昆仑赞坎铁矿床地质特征、形成时代及高品位矿石的成因[J]. 岩石学报, 34(2): 427-446.

林师整. 1982. 磁铁矿矿物化学、成因及演化的探讨[J]. 矿物学报, (3): 166-174.

林文蔚, 彭丽君. 1994. 由电子探针分析数据估算角闪石、黑云母中的 Fe^{3+}、Fe^{2+}[J]. 长春地质学院学报, (2): 155-162.

刘利, 张连昌, 代堰锫. 2012. 内蒙古固阳绿岩带三合明 BIF 型铁矿的形成时代、地球化学特征及地质意义[J]. 岩石学报, 28(11): 3623-3637.

刘陆山, 付海涛, 刘忠元, 等. 2015. 鞍山-本溪地区富铁矿分布规律及成因探讨[J]. 地质与资源, 24(4): 341-346.

刘武旭, Thirlwall M F. 1992. 冀东三屯营地区片麻岩的早太古宙全岩年龄[J]. 长春地质学院学报, 22(1): 23-30.

卢功一, 黄静好. 1987. 冀东浅变质岩铷-锶同位素年龄新成果及其地质意义[J]. 中国区域地质, 3: 219-224, 230.

罗修泉, 沈其韩, 夏明仙, 等. 1982. 河北省青龙地区元古代变质岩系铷锶法年代学研究[M]//第二届全国同位素地球化学学术讨论会论文(摘要)汇编. 北京: 中国矿物岩石地球化学学会同位素地球化学委员会.

骆文娟, 孙剑. 2019. 铁氧化物氧同位素示踪原理及其在铁矿成因研究中的应用[J]. 岩石矿物学杂志, 38(1): 121-130.

孟洁, 李厚民, 李立兴, 等. 2018. 华北克拉通南缘太华群铁山庙铁矿床沉积时代的约束——锆石 U-Pb 定年及 Hf 同位素证据[J]. 地质学报, 92(1): 125-141.

钱祥麟, 崔文元, 王时骐, 等. 1985. 冀东寒武纪铁矿地质[M]. 石家庄: 河北科学技术出版社.

乔广生, 王凯怡, 郭起凤, 等. 1987. 冀东早太古岩石 Sm-Nd 同位素年龄测定[J]. 地质科学, 1: 86-92.

曲军峰, 李锦轶, 刘建峰. 2013. 冀东地区王寺峪条带状铁矿的形成时代及意义[J]. 地质通报. 32(Z1): 260-266.

桑海清, 王松山, 裘冀. 1996. 冀东太平寨麻粒岩中的辉石、角闪石、斜长石的 ^{40}Ar-^{39}Ar 年龄及其地质意义[J]. 岩石学报, 12(3): 390-400.

沈保丰. 2012. 中国 BIF 型铁矿床地质特征和资源远景[J]. 地质学报, 86(9): 1376-1395.

沈其韩, 宋会侠. 2015. 华北克拉通条带状铁建造中富铁矿成因类型的研究进展、远景和存在的科学问题[J]. 岩石学报, 31(10): 2795-2815.

沈其韩, 张宗清, 夏明仙, 等. 1981. 河北滦县司家营晚太古代铁硅质岩系的铷-锶同位素年龄测定[J]. 地质论评, 27(3): 207-212.

沈其韩, 宋会侠, 杨崇辉, 等. 2011. 山西五台山和冀东迁安地区条带状铁矿的岩石化学特征及其地质意义[J]. 岩石矿物学杂志, 30(2): 161-171.

沈其韩, 耿元生, 宋会侠. 2016. 华北克拉通的组成及其变质演化[J].地球学报, 37(4): 387-406.

石康兴, 王长明, 杜斌, 等. 2021. 华北克拉通东南缘 1.90~1.80Ga 陆-陆碰撞作用: 来自胶北地体花岗-绿岩带的证据[J]. 地学前缘, 28(6): 295-317.

孙大中. 1984. 冀东早前寒武地质[M]. 天津: 天津科学技术出版社.

孙会一, 董春艳, 颉颃强, 等. 2010. 冀东青龙地区新太古代朱杖子群和单塔子群形成时代: 锆石 SHRIMP U-Pb 定年[J]. 地质论评, 56(6): 888-898.

孙家树, 许书火, 汪西海. 1982. 冀东地区迁西群铀钍铅法年龄[M]//第二届全国同位素地球化学学术讨论会论文(摘要)汇编. 北京: 中国矿物岩石地球化学学会同位素地球化学委员会.

索青宇. 2020. 冀东水厂 BIF 铁矿地质特征研究[J]. 南方农机, 51(1): 239, 241.

汤绍合. 2012. 河北迁安变质铁矿床深部找矿突破及富矿成因探讨[J]. 地质找矿论丛, 27(3): 271-277.

田辉, 张家辉, 王惠初, 等. 2019. 怀安杂岩中含 BIF 岩石组合的形成时代及产出构造背景[J].地球科学, 44(1): 37-51.

万渝生, 宋彪, 杨淳, 等. 2005. 辽宁抚顺—清原地区太古宙岩石 SHRIMP 锆石 U-Pb 年代学及其地质意义 [J]. 地质学报, 1: 78-87.

万渝生, 董春艳, 颉颃强, 等. 2012. 华北克拉通早前寒武纪条带状铁建造形成时代[J]. 地质学报, 86(9): 1448-1473.

王长乐, 代堰锫, 刘利, 等. 2011. BIF 的形成时代及其研究方法[J]. 矿物学报, (S1): 454-456.

王长乐, 张连昌, 刘利, 等. 2012. 国外前寒武纪铁建造的研究进展与有待深入探讨的问题[J]. 矿床地质, 31(6): 1311-1325.

王可南, 姚培慧. 1992. 中国铁矿床综论[M]. 北京: 冶金工业出版社.

王明格. 2019. 冀东马城 BIF 型铁矿床成矿规律及远景评价[D]. 北京: 北京科技大学.

王仁民, 贺高珍, 陈珍珍, 等. 1987. 变质岩原岩图解判别法[M]. 北京: 地质出版社.

王守伦. 1986. 鞍本地区鞍山群富铁矿成因类型的讨论[J]. 矿床地质, 4: 14-23.

魏菊英, 郑淑蕙, 莫志超. 1979. 冀东滦县一带前震旦纪含铁石英岩中磁铁矿的氧同位素组成[J]. 地球化学, (3): 195-201.

夏建明, 王恩德, 赵纯福, 等. 2011. 弓长岭富铁矿氧化还原环境的形成机制[J]. 东北大学学报(自然科学版), 32(11): 1643-1646.

肖克炎, 娄德波, 阴江宁, 等. 2011. 中国铁矿资源潜力定量分析[J]. 地质通报, 30(5): 650-660.

徐步台, 王时麒. 1983. 河北滦县一带含铁变质岩系 K-Ar 等时年龄值及其地质年代意义[J]. 北京大学学报 (自然科学版), 3: 89-92.

徐国风, 邵洁涟. 1979. 磁铁矿的标型特征及其实际意义[J]. 地质与勘探, (3): 30-37.

许德如, 周岳强, 邓腾, 等. 2015. 论多因复成矿床的形成机理[J]. 大地构造与成矿学, 39(3): 413-435.

许英霞, 张龙飞, 高孝敏, 等. 2014. 冀东司家营铁矿床富矿成矿条件研究[J]. 地质与勘探, 50(4): 675-688.

许英霞, 张龙飞, 高孝敏, 等. 2015. 冀东司家营沉积变质型铁矿床找矿模型[J]. 地质与勘探, 51(1): 23-35.

燕长海, 陈曹军, 曹新志, 等. 2012. 新疆塔什库尔干地区"帕米尔式"铁矿床的发现及其地质意义[J]. 地质通报, 31(4): 549-557.

杨春亮, 沈保丰, 陆松年, 等. 2000. 胶东金矿床成矿所代学研究[C]// "九五" 全国地质科技重要成果学术交流会. 北京: 中国地质学会.

杨帆, 张伟, 李壮, 等. 2022. 辽宁清原地区小莱河条带状铁建造和围岩地球化学特征及其地质意义[J]. 地球科学与环境学报, 44(3): 481-498.

姚春彦, 姚仲友, 徐鸣, 等. 2014. 澳大利亚西部哈默斯利铁成矿省 BIF 富铁矿的成矿特征与控矿因素[J]. 地质通报, 33(2-3): 215-227.

姚纪明, 于炳松, 陈建强, 等. 2009. 中扬子北缘上侏罗统-白垩系沉积岩地球化学特征与构造背景分析[J]. 地球化学, 38(3): 231-241.

翟明国. 2010. 华北克拉通的形成演化与成矿作用[J]. 矿床地质, 29(1): 24-36.

翟明国. 2012. 华北克拉通的形成以及早期板块构造[J]. 地质学报, 86(9): 1335-1349.

翟裕生, 姚书振, 蔡克勤. 2011. 矿床学(第三版)[M]. 北京: 地质出版社.

张连昌, 翟明国, 万渝生, 等. 2012. 华北克拉通前寒武纪 BIF 铁矿研究: 进展与问题[J]. 岩石学报, 28(11): 3431-3445.

张连昌, 兰彩云, 王长乐, 等. 2020. 古元古代大氧化事件(GOE)前后海洋环境的变化: 来自华北条带状铁建造(BIF)岩相学和地球化学的证据[J]. 古地理学报, 22(5): 827-840.

张龙飞. 2015. 冀东司家营沉积变质型铁矿床成因及找矿模型[D]. 唐山: 华北理工大学.

张龙飞, 许英霞, 高孝敏, 等. 2014. 冀东迁滦地区沉积变质型铁矿床变质作用程度: 来自石榴子石的制约[J]. 地质与勘探, 50(5): 938-946.

张龙飞, 许英霞, 高孝敏, 等. 2015. 冀东杏山沉积变质型铁矿床富铁矿成因探讨[J]. 地质与勘探, 51(3): 405-413.

张招崇, 李厚民, 李建威, 等. 2021. 我国铁矿成矿背景与富铁矿成矿机制[J]. 中国科学: 地球科学, 51(6): 827-852.

张振海, 邓寄温. 1982. 冀东地区前震旦变质岩系的同位素年龄测定[M]//第二届全国同位素地球化学学术讨论会论文(摘要)汇编. 北京: 中国矿物岩石地球化学学会同位素地球化学委员会.

赵立群, 王春女, 张敏, 等. 2020. 中国铁矿资源勘查开发现状及供需形势分析[J]. 地质与勘探, 56(3): 635-643.

赵一鸣. 2013. 中国主要富铁矿床类型及地质特征[J]. 矿床地质, 32(4): 686-705.

赵宗溥. 1993. 中朝准地台前寒武纪地壳演化[M]. 北京: 科学出版社.

郑梦天, 张连昌, 王长乐, 等. 2015. 冀东杏山 BIF 铁矿形成时代及成因探讨[J]. 岩石学报, 31(6): 1636-1652.

郑巧荣. 1983. 由电子探针分析值计算 Fe^{3+} 和 Fe^{2+}[J]. 矿物学报, (1): 55-62.

郑永飞, 陈江峰. 2000. 稳定同位素地球化学[M]. 北京: 科学出版社.

周永贵, 陈正乐, 陈柏林, 等. 2012. 河北迁安杏山富大铁矿体成因初析[J]. 吉林大学学报(地球科学版), S3: 81-92.

Adachi M, Yamamoto K, Sugisaki R. 1986. Hydrothermal chert and associated siliceous rocks from the northern Pacific their geological significance as indication od ocean ridge activity[J]. Sedimentary Geology, 47(1-2): 125-148.

Alexander B W, Bau M, Andersson P, et al. 2008. Continentally-derived solutes in shallow Archean seawater: rare earth element and Nd isotope evidence in iron formation from the 2.9 Ga Pongola Supergroup, South Africa[J]. Geochimica et Cosmochimica Acta: Journal of the Geochemical Society and the Meteoritical Society, 72: 378-394.

Anbar A D, Rouxel O. 2007. Metal stable isotopes in paleoceanography[J]. Annual Review of Earth and Planetary Sciences, 35: 717-746.

Annersten H. 1968. A mineral chemical study of a metamorphosed iron formation in northern Sweden[J]. Lithos, 1(4): 374-397.

Babinski M, Boggiani P C, Trindade R I F, et al. 2013. Detrital zircon ages and geochronological constraints on the Neoproterozoic Puga diamictites and associated BIFs in the southern Paraguay Belt, Brazil[J]. Gondwana Research: International Geoscience Journal, 23(3): 988-997.

Balci N, Bullen T D, Witte-Lien K, et al. 2006. Iron isotope fractionation during microbially stimulated Fe(II) oxidation and Fe(III) precipitation[J]. Geochimica et Cosmochimica Acta, 70(3): 622-639.

Barley M E, Pickard A L, Hagemann, S G, et al. 1999. Hydrothermal origin for the 2 billion year old Mount Tom Price giant iron ore deposit, Hamersley Province, Western Australia[J]. Mineralium Deposita, 34 (8): 784-789.

Basta F F, Maurice A E, Fontboté L, 2011. Petrology and geochemistry of the banded iron formation (BIF) of Wadi Karim and Um Anab, Eastern Desert, Egypt: implications for the origin of Neoproterozoic BIF[J]. Precambrian Research, 187(3-4): 277-292.

Battaglia S. 1999. Applying X-ray geothermometer diffraction to a chlorite[J]. Clays and Clay Minerals, 47(1): 54-63.

Bau M, Dulski P. 1996. Distribution of yttrium and rare-earth elements in the Penge and Kuruman iron-formations, Transvaal Supergroup, South Africa[J]. Precambrian Research, 79(1-2): 37-55.

Bau M, Dulski P. 1999. Comparing yttrium and rare earths in hydrothermal fluids from the Mid-Atlantic Ridge: implications for Y and REE behaviour during near-vent mixing and for the Y/Ho ratio of Proterozoic seawater[J]. Chemical Geology, 155(1-2): 77-90.

Bekker A, Kaufman J A. 2007. Oxidative forcing of global climate change: a biogeochemical record across the oldest Paleoproterozoic ice age in North America[J]. Earth and Planetary Science Letters: A Letter Journal Devoted to the Development in Time of the Earth and Planetary System, 258(3-4): 486-499.

Bekker A, Slack J F, Planavsky N, et al. 2010. Iron formation: the sedimentary product of a complex interplay among mantle, tectonic, oceanic, and biospheric processes[J]. Economic Geology, 105: 467-508.

Bhatia M R, Crook K A W. 1986. Trace element characteristics of graywackes and tectonic setting discrimination of sedimentary basins[J].Contrib Mineral Petrol, 92: 181-193.

Bhatia M R, Taylor S R. 1981. Trace-element geochemistry and sedimentary provinces: a study from the Tasman Geosyncline, Australia[J]. Chemical Geology, 33(1-4): 115-125.

Bishara W W, Habib M E. 1973. The Precambrian banded iron ore of Semna, Eastern Desert, Egypt[J]. Neues Jahrbuch far Mineralogie Abh and Lungen, 120(1): 108-118.

Boström K. 1973. Origin and fate of ferromanganoan active ridge sediments[M]//Kenneth J, Hugh H, Jenkyns C. Pelagic sediments: on land and under the sea. The International Association of Sedimentologists: 401.

Brydzia L T, Steven S D. 1987. Thecomposition of chlorite as a function ofsulfur and oxygen fugacity; an experimental study[J]. American Journal of Science, 287(1): 50-76.

Bullen T D, White A F, Childs C W, et al. 2001. Demonstration of significant abiotic iron isotope fractionation in nature[J]. Geology, 29(8): 699-702.

Cairns-Smith A G. 1978. Precambrian solution photochemistry, inverse segregation, and banded iron formations[J]. Nature, 276: 808-809.

Clayton R N, Mayeda T K. 1963. The use of bromine pentafluoride in the extraction of oxygen from oxides and silicates for isotopic analysis[J]. Geochimica et Cosmochimica Acta, 27(1): 43-52.

Cloud P. 1973. Paleoecological significance of the Banded Iron-Formation[J]. Economic Geology, 68(7): 1135-1143.

Cloud P, Morrison K. 1979. On microbial contaminants, micropseudofossils, and the oldest records of life[J]. Precambrian Research, 9(1): 81-91.

Clout J M F, Simonson B M. 2005. Precambrian iron formations and iron formation-hosted iron ore deposits[M]//Hedenquist J W, Thompson J F H, Goldfarb R J, et al. Economic geology one hundredth anniversary volume, 1905-2005. Lillleton: Society of Economic Geologists: 643-679.

Condie K C. 1993. Chemical composition and evolution of the upper continental crust: contrasting results from surface samples and shales[J]. Chemical Geology, 104(1-4): 1-37.

Condie K C. 2018. A planet in transition: the onset of plate tectonics on Earth between 3 and 2 Ga?[J]. Geoscience Frontiers, 9(1): 51-60.

Condie K C, Aster R C. 2010. Episodic zircon age spectra of orogenic granitoids: the supercontinent connection and continental growth[J]. Precambrian Research, 180(3): 227-236.

Cui M L, Zhang L C, Wu H Y, et al. 2014. Timing and tectonic setting of the Sijiaying banded iron deposit in the eastern Hebei province, North China Craton: Constraints from geochemistry and SIMS zircon U-Pb dating[J]. Journal of Asian Earth Sciences, 94: 240-251.

Czaja A D, Johnson C M, Beard B L, et al. 2013. Biological fe oxidation controlled deposition of banded iron formation in the ca. 3770ma isua supracrustal belt(west greenland)[J]. Earth & Planetary Science Letters, 363: 192-203.

Dasgupta H C, Rao S, Krishna C. 1999. Chemical environments of deposition of ancient iron- and manganese-rich sediments and cherts[J]. Sedimentary Geology, 125(1): 83-98.

Dauphas N, Zuilen M V, Wadhwa M, et al. 2004. Clues from Fe Isotope Variations on the origin of early archean BIFs from Greenland[J]. Science, 306(5704): 2077-2080.

Dauphas N, Van Zuilen M, Busigny V, et al. 2007. Iron isotope, major and trace element characterization of early Archean supracrustal rocks from SW Greenland: protolith identification and metamorphic overprint[J]. Geochimica et Cosmochimica Acta, 71(19): 4745-4770.

Dauphas N, Roskosz M, Alp E E, et al. 2014. Magma redox and structural controls on iron isotope variations in Earth's mantle and crust[J]. Earth and Planetary Science Letter, 398: 127-140.

Deer W A, Howie R A, Zussman J. 1967. Rock-forming minerals.Vol.3A: sheet silicates[M]. London: Longman.

Derry L A, Jacobsen S B. 1990. The chemical evolution of Precambrian seawater: evidence from REEs in banded iron formations[J]. Geochimica et Cosmochimica Acta, 54(11): 2965-2977.

Dupuis C, Beaudoin G. 2011. Discriminant diagrams for iron oxide trace element fingerprinting of mineral deposit types[J]. Mineralium Deposita, 46(4): 319-335.

Duuring P, Hagemann S. 2013. Leaching of silica bands and concentration of magnetite in Archean BIF by hypogene fluids: Beebyn Fe ore deposit, Yilgarn Craton, Western Australia[J]. Mineralium Deposita, 48(3): 341-370.

Foustoukos D I, Bekker A. 2008. Hydrothermal Fe(II) oxidation during phase separation: relevance to the origin of Algoma-type BIFs[J]. Geochimica et Cosmochimica Acta Supplement, 72(12): A280.

Frei D, Gerdes A. 2009. Precise and accurate in situ U-Pb dating of zircon with high sample throughput by automated LA-SF-ICP-MS[J]. Chemical Geology, 261(3-4): 261-270.

Frost C, von Blanckenburg F, Schoenberg R, et al. 2007. Preservation of Fe isotope heterogeneities during diagenesis and metamorphism of banded iron formation[J]. Contributions to Mineralogy and Petrology, 153(2): 211-235.

Fryer B J. 1977. Rare earth evidence in iron-formations for changing Precambrian oxidation states[J]. Geochimica et Cosmochimica Acta. 41(3): 361-367.

Garrels R M. 1987. A model for the deposition of the microbanded Precambrian iron formations[J]. American Journal of Science, 287(2): 81-106.

German C R, Elderfield H. 1990. Application of the Ce anomaly as a paleoredox indicator: the ground rules[J]. Paleoceanography, 5: 823-833.

Goodwin A M. 1973. Archean iron-formations and Tectonic basin of the Canadian Shield[J]. Economic Geology, 68: 915-933.

Govett G J S. 1966. Origin of banded iron formations[J]. Geological Society of America Bulletin, 77(11): 1191-1212.

Gross G A. 1980. Classification of iron formations based on depositional environments[J]. The Canadian Mineralogist, 18 (2): 215-222.

Gross G A. 1995. Enriched iron-formation[M]//Eckstrand O R, et al. Geology of Canadian mineral deposit types.Ottawa: Natural Resources Canada: 82-92.

Gross G A, McLeod C R. 1980. A preliminary assessment of the chemical composition of iron formations in Canada[J]. The Canadian Mineralogist, 18(2): 223-229.

Han C M, Xiao W J, Su B X, et al. 2014. Neoarchean Algoma-type banded iron formations from Eastern Hebei, North China Craton: SHRIMP U-Pb age, origin and tectonic setting[J]. Precambrian Research, 251: 212-231.

Heimann A, Johnson C M, Beard B L, et al. 2010. Fe, C, and O isotope compositions of banded iron formation carbonates demonstrate a major role for dissimilatory iron reduction in~2.5Ga marine environments[J]. Earth and Planetary Science Letters, 294(1): 8-18.

Heising S, Richter I, Ludwig W, et al. 1999. *Chlorobium ferrooxidans* sp. nov. a phototrophic green sulfur bacterium that oxidizes ferrous iron in coculture with a "*Geospirillum*" sp. strain[J]. Archives of Microbiology, 172(2): 116-124.

Hoffman P F, Schrag D P. 2002. The snowball Earth hypothesis: testing the limits of global change[J]. Terra Nova, 14 (3): 129-155.

Ilyin V A. 2009. Neoproterozoic banded iron formations[J]. Lithology and Mineral Resources, 44(1): 78-86.

Inoue A. 1995. Formation of clay minerals in hydrothermal environments[M]//Velde B. Origin and mineralogy of clays. Berlin: Springer: 268-300.

Isley A E, Abbott D H. 1999. Plume-related mafic volcanism and the deposition of banded iron formation[J]. Journal of Geophysical Research: Solid Earth, 104(B7): 15461-15477.

James H L. 1954. Sedimentary facies of iron-formation[J]. Economic Geology, 49(3): 235-293.

Johnson C M, Beard B L, Beukes N J, et al. 2003. Ancient geochemical cycling in the Earth as inferred from Fe isotope studies of banded iron formations from the Transvaal Craton[J]. Contributions to Mineralogy and Petrology, 144(5): 523-547.

Johnson C M, Beard B L, Klein C, et al. 2008. Iron isotopes constrain biologic and abiologic processes in banded iron formation genesis[J]. Geochimica et Cosmochimica Acta, 72(1): 151-169.

Kamber B S, Bolhar R, Webb G E. 2004. Geochemistry of late Archaean stromatolites from Zimbabwe: evidence for microbial life in restricted epicontinental seas[J]. Precambrian Research, 132(4): 379-399.

Kamp D V C P, Beakhouse P G. 1979. Paragneisses in the Pakwash Lake area, English River Gneiss Belt, Northwest Ontario[J]. Canadian Journal of Earth Sciences, 16(9): 1753-1763.

Kato Y, Kawakami T, Kano T, et al. 1996. Rare-earth element geochemistry of banded iron formations and associated amphibolite from the Sargur belts, South India[J]. Journal of Southeast Asian Earth Sciences, 14:

161-164.

Klein C. 2005. Some Precambrian banded iron-fonnations (BIFs) from around the world: their age, geologic setting, mineralogy, metamorphism, geochemistry, and origin[J]. American Mineralogist, 90(10): 1473-1499.

Klein C, Beukes N J. 1989. Geochemistry and sedimentology of a facies transition from limestone to iron-formation deposition in the early Proterozoic Transvaal Supergroup, South Africa[J]. Economic Geology, 84(7): 1733-1774.

Klein C, Beukes N J. 1993. Sedimentology and geochemistry of the glaciogenic late Proterozoic Rapitan Iron-Formation in Canada[J]. Economic Geology, 88(3): 542-565.

Klein C, Ladeira E A. 2000. Geochemistry and petrology of some proterozoic banded iron-formations of the quadrilatero ferrifero, Minas Gerais, Brazil[J]. Economic Geology, 95(2): 405-427.

Klein C, Ladeira E A. 2004. Geochemistry and mineralogy of neoproterozoic banded iron-formations and some selected, siliceous manganese formations from the urucum district, mato grosso do sul, brazil[J]. Economic Geology and the Bulletin of the Society of Economic Geologists, 99(6): 1233-1244.

Konhauser K O, Amskold L, Lalonde S V, et al. 2007. Decoupling photochemical Fe(II) oxidation from shallow-water BIF deposition[J]. Earth and Planetary Science Letters, 258(1): 87-100.

Konhauser K O, Pecoits E, Lalonde S V. 2009. Oceanic nickel depletion and a methanogen famine before the great oxidation event[J]. Nature, 458: 750-753.

Kröner A, Rojasagramonte Y, Herwartz D, et al. 2015. Early palaeozoic deep subduction of continental crust in the Kyrgyz North Tianshan: evidence from field relationships and geochronology[J]. Acta Geologica Sinica, 89(s2): 36.

Kump R L, Seyfried E W. 2005. Hydrothermal Fe fluxes during the precambrian: effect of low oceanic sulfate concentrations and low hydrostatic pressure on the composition of black smokers[J]. Earth and Planetary Science Letters, 235(3-4): 654-662.

Kusky T M, Dilek Y, Robinson P. 2011. Application of the modern ophiolite concept with special reference to Precambrian ophiolites[J]. Science China (Earth Sciences), 54(3): 315-341.

Lepp H, Goldich S S. 1964. Origin of Precambrian iron formations[J]. Economic Geology, 59(6): 1025-1060.

Li H M, Zhang Z J, Li L X, et al. 2014. Types and general characteristics of the BIF-related iron deposits in China[J]. Ore Geology Reviews, 57: 264-287.

Li H M, Li L X, Yang X Q, et al. 2015. Types and geological characteristics of iron deposits in China[J]. Journal of Asian Earth Sciences, 103: 2-22.

Liu Y S, Gao S, Hu Z C, et al. 2010. Continental and oceanic crust recycling-induced melt-peridotite interactions in the Trans-North China Orogen: U-Pb dating, Hf isotopes and trace elements in zircons from mantle xenoliths[J]. Journal of Petrology, 51: 537-571.

Lottermoser B, Ashley P. 2000. Geochemistry, petrology and origin of Neoproterozoic ironstones in the eastern part of the Adelaide Geosyncline, South Australia[J]. Precambrian Research, 101(1): 49-67.

Moon I, Lee I, Yang X Y. 2017. Geochemical constraints on the genesis of the Algoma-type banded iron formation (BIF) in Yishui County, western Shandong Province, North China Craton[J]. Ore Geology Reviews, 89: 931-945.

Nieto F. 1997. Chemical composition of metapelitic chlorites: X-ray diffraction and optical propertyapproach[J].

European Journal of Mineralogy, 9(4): 829-842.

Nozaki Y, Zhang J, Amakawa H. 1997. The fractionation between Y and Ho in the marine environment[J]. Earth and Planetary Science Letters, 148: 329-340.

Nutman A P, Wan Y S, Du L L, et al. 2011. Multistage late Neoarchaean crustal evolution of the North China Craton, eastern Hebei[J]. Precambrian Research, 189(1-2): 43-65.

Pearce J A, Harris N B W, Tine A G. 1984. Trace element ciscrimination diaarams for the tectonic interoretation of arenitic rocks[J]. Journal of Petroloay, 25: 956-983.

Pearce N J G, Leng M J. 1996. The origin of carbonatites and related rocks from the Igaliko Dyke Swarm, Gardar Province, South Greenland: field, geochemical and C-O-Sr-Nd isotope evidence[J]. Lithos, 39(s1-2): 21-40.

Planavsky N, Rouxel O J, Bekker A, et al. 2012. Iron isotope composition of some Archean and Proterozoic iron formations[J]. Geochimica et Cosmochimica Acta, 80: 158-169.

Posth N R, Hegler F, Konhauser K O, et al. 2008. Alternating Si and Fe deposition caused by temperature fluctuations in Precainbrian oceans[J]. Nature Geoscience, 2008, 1(10): 703-708.

Posth N R, Konhauser K O, Kappler A. 2013. Microbiological processes in banded iron formation deposition[J]. Sedimentology, 60: 1733-1754.

Posth N R, Canfield D E, Kappler A. 2014. Biogenic Fe(III) minerals: from formation to diagenesis and preservation in the rock record[J]. Earth-Science Reviews, 135: 103-121.

Pourmand A, Dauphas N, Ireland T J. 2012. A novel extraction chromatography and MC-ICP-MS technique for rapid analysis of REE, Sc and Y: Revising CI-chondrite and Post-Archean Australian Shale (PAAS) abundances[J]. Chemical Geology, 291(6): 38-54.

Rauselicolom J A, Wiewiora A, Matesanz E. 1991. Relation between composition and d_{001} forchlorite[J]. American Mineralogist, 76: 1373-1379.

Robert F, Ali P. 2007. Source heterogeneity for the major components of 3.7 Ga Banded Iron Formations (Isua Greenstone Belt, Western Greenland): tracing the nature of interacting water masses in BIF formation[J]. Earth and Planetary Science Letters, 253(1): 266-281.

Rouxel O J, Bekker A, Edwards K J. 2005. Iron isotope constraints on the Archean and Paleoproterozoic ocean redox state[J]. Science, 307(5712): 1088-1091.

Rumble D. 1973. Fe-Ti Oxide minerals from regionally metamorphosed quartzites of western new hampshire[J]. Contributions to Mineralogy and Petrology, 42(3): 181-195.

Sholkovitz E R, Landing W M, Lewis B L. 1994. Ocean particle chemistry: the fractionation of rare earth elements between suspended particles and seawater[J]. Environmental Science, Chemistry Geochimica et Cosmochimica Acta, 58: 1567-1579.

Simonen A. 1953. Stratigraphy and sedimentation of the svecofennidic, early archean supracrustal rocks in southwestern finland[J]. Bulletin of the Geological Society of Finland, 160: 1-64.

Simonson B M. 2003. Origin and evolution of large Precambrian iron fonnations[J]. Special Papers-Gcological Society of America, 370: 231-244.

Sláma J, Dunkley D J, Kachlík V, et al. 2008. Transition from island-arc to passive setting on the continental margin of Gondwana: U-Pb zircon dating of Neoproterozoic metaconglomerates from the SE margin of the

Teplá-Barrandian Unit, Bohemian Massif[J]. Tectonophysics, 461: (1-4): 44-59.

Sláma J, Kosler J, Condon D J, et al. 2008. Plesovice zircon—a new natural reference material for U-Pb and Hf isotopic microanalysis[J]. Chemical Geology, 249: 1-35.

Spier A C, Oliveira D B M S, Rosiere A C. 2003. Geology and geochemistry of the Aguas Claras and Pico Iron Mines, Quadrilatero Ferrifero, Minas Gerais, Brazil[J]. Mineralium Deposita, 38(6): 751-774.

Steinhoefel G, Horn I, von Blanckenburg F. 2009. Micro-scale tracing of Fe and Si isotope signatures in banded iron formation using femtosecond laser ablation[J]. Geochimica et Cosmochimica Acta, 73(18): 5343-5360.

Stern R J, Mukherjee S K, Miller N R, et al. 2013. ～750Ma banded iron formation from the arabian-nubian shield — implications for understanding neoproterozoic tectonics, volcanism, and climate change[J]. Precambrian Research, 239: 79-94.

Straub K L, Rainey F A, widdel F. 1999. Rhodovulum iodosum sp. nov. and Rhodovulum robiginosum sp. nov., two new marine phototrophic ferrous-iron-oxidizing purple bacteria[J]. International Journal of Systematic Bacteriology, 49 Pt 2: 729-735.

Sun X H, Zhu X Q, Tang H S, et al. 2014a. The Gongchangling BIFs from the Anshan-Benxi area, NE China: petrological-geochemical characteristics and genesis of high-grade iron ores[J]. Ore Geology Reviews, 63: 374-387.

Sun X H, Zhu X Q, Tang H S, et al. 2014b. Protolith reconstruction and geochemical study on the wall rocks of Anshan BIFs, Northeast China: implications for the provenance and tectonic setting[J]. Journal of Geochemical Exploration: Journal of the Association of Exploration Geochemists, 136: 65-75.

Tarney J. 1976. Geochemistry of Archaean high-grade gneisses, with implications as to the origin and evolution of the Precambrian crust[M]//Windley R. The early history of earth. London: Wiley: 405-417.

Taylor D, Dalstra H J, Harding A E, et al. 2001. Genesis of high grade hematite orebodies of the Hamersley province, Western Australia[J]. Economic Geology, 96(4): 837-873.

Thorne W, Hagemann S, Vennemann T, et al., 2009. Oxygen isotope compositions of iron oxides from high-grade bif-hosted iron ore deposits of the central hamersley province, western australia: constraints on the evolution of hydrothermal fluids[J]. Economic Geology, 104(7): 1019-1035.

Trendall A F. 1965. Origin of Precambrian iron formations[J]. Geology, 60(5): 1065-1070.

Trendall A F. 2002. The significance of iron-formation in the Precambrian stratigraphic record[M]//Aftermann W, Corcoran P L. Precambrian sedimentary environments: a modern approach to depositional systems. The International Association of Selimentoloyists: 33-66.

Trendall A F, Nelson D R, De Laeter J R, et al. 1998. Precise zircon U‐Pb ages from the Marra Mamba Iron Formation and Wittenoom Formation, Hamersley Group, Western Australia[J]. Australian Journal of Earth Sciences, 45(1): 137-142.

Tsikos H, Beukes N J, Moore J M, et al. 2003. Deposition, diagenesis, and secondary enrichment of metals in the paleoproterozoic hotazel iron formation, Kalahari Manganese Field, South Africa[J]. Economic Geology and the Bulletin of the Society of Economic Geologists, 98(7): 1449-1462.

Vavra G, Schmid R, Gebauer D. 1999. Internal morphology, habit and U-Th‐Pb microanalysis of amphibole togranulite facies zircon: geochronology of the lvren Zone (Southern Alps)[J]. Contributions to Mineralogy and Petrology, 134: 380-404.

Veizer J. 1983. Geologic evolution of the Archean-early Proterozoic Earth[M]//Schopf J W. Earth's earliest biosphere. Princeton: Princeton University Press: 240-259.

von Blanckenburg F, Mamberti M, Schoenberg R, et al. 2008. The iron isotope composition of microbial carbonate[J]. Chemical Geology, 249(1-2): 113-486.

Wang Y F, Xu H F, Merino E, et al. 2009. Generation of banded iron formations by internal dynamics and leaching of oceanic crust[J]. Nature Geoscience, 2(11): 781-784.

Whitehouse M J, Fedo C M. 2007. Microscale heterogeneity of Fe isotopes in＞3.71Ga banded iron formation from the Isua Greenstone Belt, Southwest Greenland[J]. Geology, 35(8): 719-722.

Winchester J A, Floyd P A. 1997. Geochemical discrimination of different magma series and their differentiation products using immobile elements[J]. Chemical Geology, 20: 325-343.

Winter J D. 2001. An introduction to igneous and metamorphic petrology[M]. New Jersey: Prince Hall.

Wones D R, Eugster H P. 1965. Stability of biotite-experiment theory and application[J]. American Mineralogist, 50(9): 1228.

Wu C M, Chen H X. 2015. Revised Ti-in-biotite geothermometer for ilmeniteor rutile-bearing crustal metapelites[J]. Science Bulletin, 60(1): 116-121.

Wu M, Zhao G, Sun M, et al. 2012. Petrology and *P-T* path of the Yishui mafic granulites: implications for tectonothermal evolution of the Western Shandong Complex in the Eastern Block of the North China Craton[J]. Precambrian Research, 222-223: 312-324.

Yang X Q. 2013. Study on iron ore-forming process of metamorphicterrain in Anshan-Benxi area, Liaoning Province, China[D]. Beijing: China University of Geosciences.

Zhai M, Santosh M. 2011. The early Precambrian odyssey of the North China Craton: a synoptic overview[J]. Gondwana Research, 20(1): 6-25.

Zhai M G, Bian A G, Zhao T P. 2000. The amalgamation of the supercontinent of North China Craton at the end of Neo-Archaean and its breakup during late Palaeoproterozoic and Meso-Proterozoic[J]. Science in China Series D: Earth Sciences, 43(1): 219-232.

Zhang L, Zhai M, Zhang X, et al. 2012. Formation age and tectonic setting of the Shirengou Neoarchean banded iron deposit in eastern Hebei Province: constraints from geochemistry and SIMS zircon U-Pb dating[J]. Precambrian Research, 222: 325-338.

Zhang T X, Yang S Y. 2016. A mathematical model for determining carbon coating thickness and its application in electron probe microanalysis[J]. Microscopy and Microanalysis, 22(6): 1374-1380.

Zhang X J, Zhang L C, Xiang P, et al. 2011. Zircon U-Pb age, Hf isotopes and geochemistry of Shuichang Algoma-type banded iron-formation, North China Craton: Constraints on the ore-forming age and tectonic setting[J]. Gondwana Research, 22(1): 137-148.

Zhang Z, Hou T, Santosh M, et al. 2014. Spatio-temporal distribution and tectonic settings of the major iron deposits in China: an overview[J]. Ore Geology Reviews, 57: 247-263.

Zhao, G, Wilde, S, Cawood, P, et al. 1998. Thermal evolution of Archean Basement rocks from the Eastern Part of the North China Craton and its bearing on tectonic setting[J]. International Geology Review, 40(8): 706-721.

Zhao G, Cawood P, Wilde S, et al. 2000. Metamorphism of basement rocks in the central zone of the north China craton: implications for paleoproterozoic tectonic evolution[J]. Precambrian Research, 103(1-2): 55-88.